もっと！へんな生き物ずかん

柴田佳秀 監修　早川いくを 著

ほるぷ出版

もくじ

4 ずかんの見方
6 はじめに

第1章 もっと！へんな姿

- 8 シギウナギ
- 10 ミツマタヤリウオ
- 12 サケビクニン
- 14 ウバザメ
- 16 ノコギリザメ
- 18 カリフォルニアシラタマイカ
- 20 ボウズイカ
- 22 クラゲダコ
- 24 ニチリンヒトデ
- 26 バクダンウニ
- 28 ウロコフネタマガイ
- 30 ヒモムシ（ミドリヒモムシ）
- 32 変形菌
- 36 ジュエル・キャタピラー
- 38 クロスジヒトリ
- 40 クジャクハゴロモ
- 42 イネクビボソハムシ
- 44 インドハナガエル

第2章 もっと！へんな住まい

- 48 オオタルマワシ
- 50 アミダコ
- 52 メジロダコ
- 54 ウオノエのなかま
- 56 アマミホシゾラフグ
- 58 ハゼとテッポウエビ
- 60 テントウハラボソコマユバチ
- 62 カッコウ

第3章 もっと！へんな技

- 66 アリタケ
- 68 クリプト・キーパー
- 70 サムライアリ
- 72 エジプトハゲワシ
- 74 ヒゲワシ
- 76 ナミチスイコウモリ
- 78 サカダチゴミムシダマシ
- 80 ランプシリス
- 82 ササゴイ
- 84 スパイダーテイルド・クサリヘビ
- 86 ナゲナワグモ（オオイセキグモ）
- 88 ズキンアザラシ
- 90 キタアオジタトカゲ
- 92 ルキホルメティカ・ルケ
- 94 ニホンミツバチ
- 96 カギムシ
- 98 ウリクラゲ
- 100 サンカクウオ
- 102 オポッサム

第4章 もっと！へんな危険

- 106 オウギワシ
- 108 ヘビクイワシ
- 110 リンカルス
- 112 ヒョウアザラシ
- 114 タイコバエ
- 116 ヤツワクガビル
- 118 オニイソメ
- 120 ギンピギンピ

●コラム● ちょっとへんな生き物

- 46 長すぎな生き物たち
- 64 顔に見える！？
- 104 いろいろな擬態
- 122 まさかの擬態

- 124 おわりに
- 126 さくいん

ずかんの見方

この本は、広い空から、まっ暗な深海の底まで、この地球上にすむ、へんな(ちょっと変わった)生き物たち108種を楽しく紹介したずかんです。

和名
日本国内で標準的によばれる名前です

分類マーク
その生き物が含まれる生物グループを示しています(このページの下のほうを見てください)

メイン写真
その生き物の外見や特徴がわかりやすい写真を大きく掲載しています

生き物のデータ
分類 … 分類する上でのグループ(目・科)
分布 … すんでいる地域
環境 … すんでいる環境
食べ物 … おもに食べているもの

分布図
その生き物のおおまかな分布を世界地図上に示しました

生き物の大きさ
種類によって大きさの示し方がちがいます(右ページの下のほうを見てください)

ウバザメ
泳ぐトンネル

DATA
分 類 ● ネズミザメ目ウバザメ科
分 布 ● 全世界の海
環 境 ● 沿岸や外洋の海面近く
食べ物 ● プランクトン

分布
全長 9〜10m

14

分類マークについて
このずかんでは、生き物を以下の17種類に分類しています。

 ほ乳類 ネズミやコウモリなど
 鳥類
 両生類 カエルやイモリなど
 魚類
 昆虫
 は虫類 ヤモリやトカゲなど
 甲かく類 エビやカニなど
 節足動物 クモなど(昆虫や甲かく類なども節足動物に含まれる)
 軟体動物 イカやタコなど

 紐形動物 ヒモムシなど
 アメーバ動物 変形菌など
 棘皮動物 ヒトデなど
 菌類 キノコとよばれる
 有爪動物 カギムシなど
 有櫛動物 ウリクラゲなど
 環形動物 ミミズなど
 被子植物 多くの植物(サクラなど)

解説文

「へんないきもの」シリーズでおなじみの早川いくをさんによる、ちょっとへんな解説です

章タイトル

1章から4章まであります

イラスト

デフォルメしたイラストで、その生き物のことを解説しています

サブ情報

その生き物の、より詳しい情報をユニークなイラストで解説しています

まめ知識

その生き物にまつわるおもしろネタや、なかまのへんな生き物、同じようにへんなほかの生き物などを紹介しています。まめ知識がない場合もあります

サンプルページ（1章 もっと！へんな 姿）

500種ともいわれるサメのほとんどは無害なものだ。そんな無害なサメの代表格がこのウバザメだ。全長9〜10メートル、体重約4トンという巨大さで、12メートルを超すものが見つかったこともある。動作はとても遅く、海面近くをのんびり泳いでいたりもする。なにをしているかって？ お食事だ。このバカでかいサメの食べ物は、ちっこいプランクトン。1メートルもある大口を開けて、海水と一緒にプランクトンを飲み込み、口の中でこしとって食べるんだ。サメというより、不思議な伝説の動物みたいだよ。でも人間にたくさん獲られて、今はとっても数が少ない。これじゃ本当に伝説になってしまいそうだ。

でかい口だが獲物は小粒

ウバザメは、体高よりも大きな口を開けることができる。このトンネルみたいな大口で、大量の海水を飲み込む。白い柱みたいに見えるのは軟骨、つまり骨だよ。口の中には、毛がたくさん生えたような鰓耙という器官がある。これでプランクトンをこしとって食べるんだ。

鰓耙はエラの一部で、くしがいっぱい集まったようなものだ。これでプランクトンをこしとるんだね。

がばっと一気にな

ウバザメのプランクトンの捕まえ方は、例えるなら漁船のトロール漁法。網を引いて魚を一網打尽に捕まえるやり方だ。トロール漁法は、関係ない生き物まで捕まえてしまうという問題があるけど、ウバザメはそんなことはしないよ。まちがってウミガメを食べちゃったりはしないんだ。

へんななかまたち
ほかにもいます、変わったサメ

これはメガマウス。原始時代からその形は変わっていない。ウバザメと同じようにプランクトンをこしとって食べるよ。珍しすぎて「幻のサメ」なんていわれているんだ。

ニシオンデンザメ。北の冷たい海にすむサメで、ものすごく動きがのろく、そして寿命が長い。一番長生きのもので500歳を超えるといわれているんだ。500年前って、戦国時代だよ！

生き物の大きさについて

生き物の体のつくりはいろいろなので、大きさを示すものさしはいろいろあります。鳥の場合、体を伸ばした状態でくちばしの先から尾羽の先までの長さを**全長**と示しますし、ほ乳類は頭と胴体の長さを**体長**（頭胴長ともいう）、尾の長さを**尾長**と、2つに分けて示します。多くは全長か体長で示しますが、生き物の種類によってはちがうものさしになります。

* 殻長 … 貝の殻の幅
* 外とう長 … イカやタコの胴体の長さ
* 開張 … チョウやガが翅を開いたときの幅

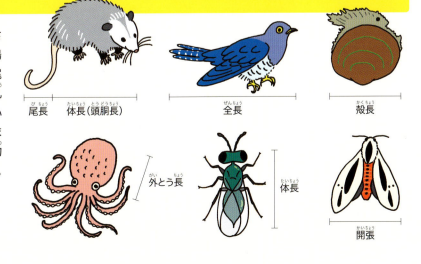

尾長　体長（頭胴長）　　全長　　殻長
外とう長　　体長　　開張

はじめに

ぼくらはどうして生き物を見て、コワイと思ったり、キモチワルイと思ったりするんだろう？

大人でも、ガやイモムシを見ただけで、けたたましく騒いだりする人がいるね。でもじつは地球上で最も数が多く、繁栄している種族は、ガやイモムシやセミやカブトムシ、つまり昆虫なんだ。地球にいる、ありとあらゆる生物のうちの、7割が昆虫だといわれている。地球は昆虫の惑星なんだ。もし宇宙人がやってきたら、地球の支配者は昆虫と考えるだろう、なんていう人もいるくらいだよ。

もし昆虫が本当に地球の支配者だったら、人間はものすごくへんな生き物だね。ばかでかい体に、手足が2本ずつしかなく、直立して歩く。頭は体のてっぺんにあり、毛がいっぱい生えてて、長いのやら短いのやら、モジャモジャのやら、奇妙な形をしている。しかも飛ぶこともできず、いつも地面にへばりついているんだ。ぼくらが憧れる美少女アイドルも、昆虫から見たら爆笑ものかもね。

いったいなにが言いたいのかって？

つまりさ、ぼくらは当然のように、地球は人間のものだと思っているけれど、全然ちがうってことだよ。

地球には気が遠くなるほど、いろいろな種類の生き物がいるけど、人間もその一つにすぎない。そしてこの地球には、信じられないような、奇妙な生き物が実際にいるんだ。空想でもない。想像でもない。実在するんだよ。こいつはすごいことだぜ。なのにぼくらは、なんにも知らずにいる。なんてもったいない！ 奇跡がここにあるというのに、それを知らないなんて！

と、いうわけで、選りすぐりのへんな生き物を、遠慮なくお見せしようじゃないか。自分だけじゃなく、お友だちにもこの本を見せてやってほしい。「なにそれ〜！？」って寄ってくるやつは、見込みがあるぞ。「キャーッ！」とか叫んで逃げ出すやつは、そのままほっとこう。

早川いくを

第1章
もっと！へんな姿

見た目なんて関係ない、大事なのは中身だ。
うん、そのとおり。いやしかし、ちょっと待て。
いくら関係ないっていっても、
こりゃないだろう。なにがどうしてこうなった。
あまりにもへんすぎる、生き物たちの姿形。

シギウナギ

魚類

変てこ詰め合わせ生物

©峯水亮

DATA
- 分類 ● ウナギ目シギウナギ科
- 分布 ● 全世界のあたたかい海
- 環境 ● 深海
- 食べ物 ● 甲かく類など

分布

全長 約140cm
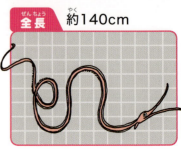

1章 もっと！へんな姿

深海魚には奇妙な姿形のものがたくさんいるんだけど、これは単なるヒモというか、まるで糸のようだ。学名もギリシャ語の「糸状」っていうところからきている。生き物が、いろいろな環境に適応して、いろいろな姿形に進化するっていうのはわかる。でもこれはいったいどういうこと？ そうか！ この細長い体をうまくつかって、獲物を捕らえるんだ！ そう思ったかい？ ところがこいつは基本的には海中に浮かんでいるだけなんだよ。しかも垂直に。なにを考えているんだ。それにこの口ときたら、どこから見てもクチバシだ。なにかのまちがいでは。しかもこのクチバシはちゃんと閉まらないっていうんだ。

子どものころは「レプトケファルス」っていうこれまた変てこな形。これが変態（37ページ）して長いクチバシ姿になるんだ。

なにを思うかシギウナギ

シギウナギは、海中でまっすぐな姿勢、もしくは逆立ちした姿勢でいる。あんまり積極的には泳がない。魚のくせにどういうつもりだろう。海洋写真家・峯水亮さんの観察によると、水中にいたシギウナギがなにを思ったか、海面から口を出したりひっこめたりしていたそうだ。なんのためにそんなことをしていたのか、まったく謎だ。

しまらない話だね

シギウナギの「シギ」っていうのは、鳥のシギのなかまのこと。口がシギのなかまのクチバシに似てるってとこからその名がついた。でもシギウナギの口は鳥のようには閉まらない。口には小さい歯があって、エビの触角などを引っかけ、からめとる役目を果たす。だから閉まらなくてもいいということらしい。でもオスの口は成長するにしたがって、縮んでなくなってしまうんだ。

シギの一種、ソリハシセイタカシギ

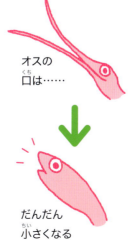

オスの口は……

だんだん小さくなる

ミツマタヤリウオ

うちの女房にゃヒゲがある

DATA	
分類	ワニトカゲギス目ミツマタヤリウオ科
分布	太平洋
環境	深海
食べ物	魚類、甲かく類など

分布

全長 メス：約50cm オス：約8cm
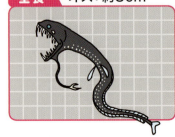

1章 もっと！へんな 姿

ちょっと考えてみてほしい。自分のボーイフレンドが、ウサギくらいの大きさだったらどうする？　またはガールフレンドが、4階建てのビルみたいな大きさだったら？　ありえないって？　でも自然界には、そんな例が少なくない。このミツマタヤリウオの場合、オスはメスよりずっと小さいんだ。ちょっと背が低い、なんてものじゃない。オスはメスの5〜6分の1ほどだ。メスは立派な体つきで、ヒゲまで生えてえらそうだけど、オスにはヒゲがなく、まったくちっぽけなものさ。しかもこのミツマタヤリウオ、幼魚の頃は成魚とまるで姿形がちがうんだ。なにしろ目玉がびよーんと飛び出しているんだからね。信じられるかい。人間の大きさなら、目玉が1メートルぐらい飛び出ているような姿なんだぜ？

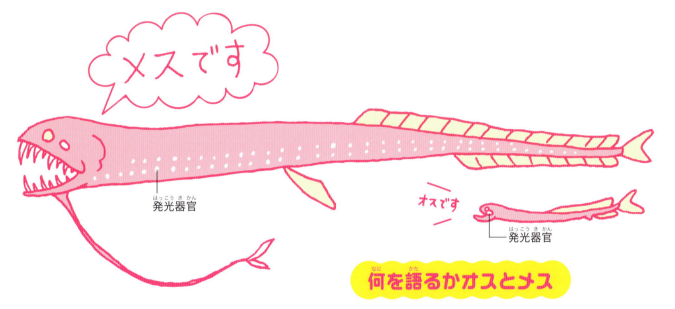

何を語るかオスとメス

ミツマタヤリウオのオスとメス。ヘビのような体の腹がわには、たくさん並んだライトのような発光器官。オスには逆に、大きな発光器官が眼の後ろに1つ。これでお互いに合図を出しているらしい。でもこのちっぽけなオスの光はメスに届くのかな。エサとまちがえて食われてしまわないか心配だ。

目がびよ〜ん、腸もびよ〜ん

これがミツマタヤリウオの幼魚だ。ほとんど透明で口は小さく、目が飛び出ている。いや飛び出しすぎだ。おまけに腸管も飛び出している。成長するにつれてこれらは引っ込むのだけど、だったらなぜそもそも飛び出しているのか？　この目玉はいったいどこをどういう風に見ているのか？　それはまだはっきりとはわかっていない。君が将来研究者になって、この謎をぜひ解いてもらいたい。頼んだぞ。

サケビクニン

ヒゲのはえた尼(あま)さん

DATA	
分類	カサゴ目クサウオ科
分布	北太平洋〜ベーリング海
環境	深海
食べ物	甲かく類など

分布:

全長: 約40cm

1章 もっと！へんな 姿

深海には、おかしな魚がたくさんいる。サケビクニンもその一つだ。なにしろ、魚のくせにウロコがない。コンニャクみたいにブヨブヨで、全身がゼリーみたいなものでおおわれている。だからこの魚のなかまは、「コンニャクウオ属」とよばれているんだ。「つかみどころがない」っていうのは、まさにこのことだね。「サケビクニン」っていう名前もとても奇妙だ。これは頭が比丘尼、つまり尼さんに似ているところから来ているんだって。尼さんというのは、女のお坊さんのことだ。でもこの魚のふるまいは、お坊さんとはほど遠い。なにしろ真っ暗な深海にいて、いつもうつろな目つきで海底で逆立ちをしているんだ。しかもヒゲみたいなものが生えているぞ。こんな尼さんはイヤだぞ。

逆立ちする理由

このヒゲみたいなものは、じつはヒレなんだ。長い年月の間に変化して、こんな形になったんだ。いったいどうして？ このヒレは食べ物探しに使うんだけど、味を感じることができるんだ。サケビクニンの食べ物は、エビやカニなどの甲かく類。ヒレで海底をまさぐって、獲物を探している。だから逆立ちしているんだ。それにしても、この魚が真っ暗な海底でゆらゆら揺れていると、まるでヒトダマみたいだ。

触手のような形になった胸ビレ。真っ暗な深海の海底でも、このヒレで獲物を探すことができる。

似ている生き方
カニじゃないよ、魚だよ

「歩く魚」ことホウボウの一種、カナド。このカニの足みたいなものも、胸ビレが変化したもの。この胸ビレも味を感じることができる。これで砂にもぐった獲物を探すんだ。

ウバザメ

魚類

泳ぐトンネル

DATA
- 分類 ● ネズミザメ目ウバザメ科
- 分布 ● 全世界の海
- 環境 ● 沿岸や外洋の海面近く
- 食べ物 ● プランクトン

分布

全長 9〜10m

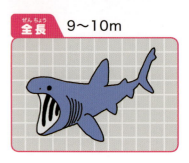

1章 もっと！へんな 姿

500種ともいわれるサメのほとんどは無害なものだ。そんな無害なサメの代表格がこのウバザメだ。全長9〜10メートル、体重約4トンという巨大さで、12メートルを超すものが見つかったこともある。動作はとても遅く、海面近くをのんびり泳いでいたりもする。なにをしているかって？ お食事さ。このバカでかいサメの食べ物は、ちっこいプランクトン。1メートルもある大口を開けて、海水と一緒にプランクトンを飲み込み、口の中でこしとって食べるんだ。サメというより、不思議な伝説の動物みたいだよ。でも人間にたくさん獲られて、今はとっても数が少ない。これじゃ本当に伝説になってしまいそうだ。

でかい口だが獲物は小粒

ウバザメは、体高よりも大きな口を開けることができる。このトンネルみたいな大口で、大量の海水を飲み込む。白い柱みたいに見えるのは軟骨、つまり骨だよ。口の中には、毛がたくさん生えたような鰓耙という器官がある。これでプランクトンをこしとって食べるんだ。

鰓耙はエラの一部で、くしがいっぱい集まったようなものだ。これでプランクトンをこしとるんだね。

がばっと一気にな

ウバザメのプランクトンの捕まえ方は、例えるなら漁船のトロール漁法。網を引いて魚を一網打尽に捕まえるやり方だ。トロール漁法は、関係ない生き物まで捕まえてしまうという問題があるけど、ウバザメはそんなことはしないよ。まちがってウミガメを食べちゃったりはしないんだ。

へんななかまたち
ほかにもいます、変わったサメ

これはメガマウス。原始時代からその形は変わっていない。ウバザメと同じようにプランクトンをこしとって食べるよ。珍しすぎて「幻のサメ」なんていわれているんだ。

ニシオンデンザメ。北の冷たい海にすむサメで、ものすごく動きがのろく、そして寿命が長い。一番長生きのもので500歳を超えるといわれているんだ。500年前って、戦国時代だよ！

ノコギリザメ

魚類

精密なノコギリ

DATA	
分類	ノコギリザメ目ノコギリザメ科
分布	西太平洋～インド洋
環境	浅い海
食べ物	魚類、甲かく類など

分布

全長 約1.5m
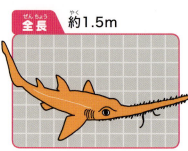

1章 もっと！へんな 姿

ノコギリザメって知ってるよね。そう、鼻先ででかいノコギリになってるあのサメだ。水族館で見たことがあるし、それほどへんっていうわけじゃないよ、なんて思うかもしれないね。でもちょっと考えてみてほしい。サメの鼻先がびよーんとのびて、ノコギリになってるんだぜ？あまりにへんじゃないか？マンガみたいだよ？それにノコギリザメのことは知っていても、あのノコギリがどう使われるか考えたことあるかい？もちろん木を切るためじゃない。海の中でノコギリになんの用がある？頭がかなづちみたいな「ハンマーヘッドシャーク」っていうのもいるけど、別に大工のサメがいるわけじゃないぞ。

ハンマーヘッドシャーク

荒っぽいけど高精度

あのノコギリは鼻じゃなくて「吻」、口元が長く伸びたものを指す。ノコギリザメはこれを振り回して、魚を捕るんだ。あの鋭いノコギリ歯でやられれば、魚は一瞬でざっくり、体が真っ二つになることもあるという。こう書くとすごく荒っぽい道具のようだけど、ノコギリの裏側には「ロレンチーニ瓶」という、魚が発する、ごくかすかな電気を感じる器官がある。このノコギリは、荒っぽい武器でもあり、高精度センサーでもあるんだ。

でもやっぱり鼻先がノコギリなんて、小さな子どものラクガキみたいな形だ。こんなのがいるなら、もっと怪獣みたいな生き物がたくさんいてもいいよね。

カリフォルニアシラタマイカ

軟体動物

獲物探しに目の色変える

©MBARI

DATA
- 分 類 ● ツツイカ目ゴマフイカ科
- 分 布 ● 東太平洋
- 環 境 ● 深海
- 食べ物 ● 魚類や甲かく類など

分布

外とう長 約13cm

1章 もっと！へんな 姿

ヒトの目は2つとも同じ大きさだ。当たり前だって？ じゃあ、片方の目だけが大きい生き物っているかな？ マンガじゃあるまいし、現実にはいるわけないさ。そう思った君は、考え直してほしい。片方の目だけが異様にでかい生き物がこの世界にいるんだ。それがこのカリフォルニアシラタマイカ。このイカの片方の目だけが、やけに大きい理由は長らくわからなかった。MBARI（モントレー湾水族館研究所）の研究によって、その謎がようやく解けたんだよ。この目は、真実を見極めるための目だったんだ。え？ どういうことかって？ つまり自然界はだましあいってことさ。お互いがお互いをだましあい、獲物を狩ったり、身を守ったりしている。そのだましのテクニックをこのイカは見破るんだ。

黄色いフィルターが影のトリックを見破る

カリフォルニアシラタマイカは、大きいほうの目を上にして体を横にする。この巨大な目は、シルエット消しのトリックを見破ることができる。深海では、海面から届く光はわずかだが、このイカはその巨大な目で光を集めるので、かすかな光であっても獲物のシルエットを捉えやすい。さらに目の黄色いレンズは特殊なフィルターの役割を果たし、太陽の光と発光器の光の違いを見分けることができるんだ。

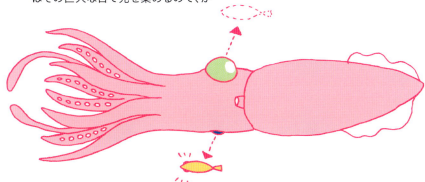

もう片方の目が小さい理由

じゃあ、最初から両方とも大きな目にすればいいって？ いやいや、海底側はとても暗いので、そもそも目を大きくしても意味はないからね。必要なことにだけエネルギーを使った結果、こういう奇妙な姿に進化したわけだ。

ひとこと言いたい

それにしても「カリフォルニアシラタマイカ」って名前はなんだ。イカがカリフォルニアのビーチで、白玉ぜんざいを食べてるところが目に浮かんでしまうよ。くだらないことを言うな！と言われそうだけど、やっぱり言うよ。

影のトリックとは？

海の底から見上げると、海面からの光を背にして、生き物の姿が黒いシルエットとなって浮かび上がる。多くの生き物はこれを見て獲物を捕らえる。

天敵の目から身を隠すため発光器をもつ生き物がいる。腹など自分の体の下面を光らせるためのものだ。下面を光らせることで、海面からの光にまぎれて、天敵から自分の姿が見えにくくなる。シルエットを消すわけだね。

ボウズイカ

軟体動物

爆笑深海探検

©Ocean Exploration Trust / Nautilus Live

DATA

- 分類 ● ダンゴイカ目ダンゴイカ科
- 分布 ● 北太平洋
- 環境 ● 深海
- 食べ物 ● 甲かく類など

分布

外とう長 約8cm

1章 もっと！へんな 姿

あはははは。ひ、ひと昔前までは、深海といえばまったく手の届かない、う、宇宙みたいなところだったんだけどさあ、今は技術が発達し、日夜、新型の深海探査艇が深い海の底をもぐるようになったんだよね。あはははは。だから興味深い生き物がいろいろ見つかるんだけど、そ、その中には思わず、笑い出しちゃうようなのがいるんだこれがまた！それがこのボウズイカ！あはははは！なぜ笑うって君、見ただけでわかるだろ。この顔だぜ。あはははは。なにが出てくるかわからない深海を探査していて、こんなやつを見つけちゃった乗組員の気持ちを想像してみてほしい。ところでこれはタコだって思った？違うんだよ、イカなんだ！こんなマンガみたいな姿なので「スタビー・スクイード（ずんぐりしたイカ）ともよばれるんだよ。あっははははははははははは！

とにかく目をでかく

スタビー・スクイードを発見したのはアメリカの深海探査艇ノーチラス号。カリフォルニア沖の水深900メートルの地点で出会ったんだ。それにしてもなぜこんな大きな目玉なんだろう？それはこのイカのいる環境によるもの。深海にはわずかな光しか届かない。その中で獲物を探すためには、光をたくさん取りこめる大きな目の方が有利なんだ。こんなマンガみたいな顔だけど、生き残るために進化してきた結果なんだね。あはははは。

タコ界にも、「メンダコ」というキュートなタコがいる。

クラゲダコ

軟体動物

スケスケといいたいところだが

©峯水亮

DATA
- 分類 ● タコ目クラゲダコ科
- 分布 ● 全世界のあたたかい海
- 環境 ● 深海
- 食べ物 ● プランクトンなど

分布

外とう長 最大35cm

1章 もっと！へんな 姿

透明のような、透明でないような、いるんだかいないんだかよくわからない存在感のなさ。それがクラゲダコだ。「クラゲなんだか、タコなんだかはっきりしろ！」って言いたくなるね。いや、これは確かにタコなんだ。タコと一口にいっても、その種類はとても多い。姿形もちがうけど、ほかの生き物のモノマネをするタコ、マントを広げて泳ぐタコ（『へんな生き物ずかん』ほるぷ出版、38〜39ページ）、道具を使うタコ（本書52ページ）など、性質や特徴もさまざまだ。そう考えると透きとおったタコがいてもいい気がしてくるよ。目が細長い筒のような形をしているところから、英語では「テレスコープ・オクトパス」（望遠鏡タコ）なんてよばれるね。しかしクラゲダコなんてやっぱり中途半端な名前だ。さらにめんどうなことに、タコクラゲっていうクラゲもいるんだ。ややこしい名前をつけないでくれよ！

タコクラゲ

スケスケで安心

透きとおった生き物というと、透明な魚のグラスキャットフィッシュ、透明なカエルのグラスフロッグ、ほかにも翅が透明なチョウもいるし、透明なエビなどもいるね。なぜ透明かというと、姿が見えない方が天敵に襲われにくいからだ。でもクラゲダコの透明さはなんだか中途半端だ。これで大丈夫なんだろうか？ もちろん完璧とはいえない。でも安全度は上がるよね。ここが大事なところ。安全度がちょっと上がれば、生き残る率も高くなる。その子孫にもうちょっと透明のが現れれば、また安全度は上がる。そのくりかえしで進化は続いていくんだ。クラゲダコも未来には完全に透明になっているかもしれないね。

ニチリンヒトデ

棘皮動物

地べたをはう天災

DATA
- 分類 ● ニチリンヒトデ目ニチリンヒトデ科
- 分布 ● 北太平洋～ベーリング海など
- 環境 ● 海底
- 食べ物 ● ほかのヒトデ、ナマコ、ウニなど

分布

全長 最大50cm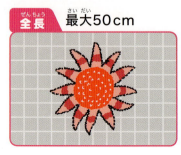

1章 もっと！へんな姿

ヒトデって、なんだかちょっとかわいいよね。だって形がお星さま★だもん。海へ行くと、ついヒトデの置物なんかお土産に買っちゃったりするんだけど、ヒトデのなかまには、まるで怪物みたいなものがいるよ。それがニチリンヒトデだ。このヒトデのなかまには、ものすごく巨大なものがいる。太い腕が9本から12本も突き出ていて、大きいものでは50センチ以上になるといわれるんだ。こりゃ怪獣だね。「ヒトデ界のティラノサウルス」とよばれたりもしているよ。しかも単にでかいというだけじゃない。こいつは海底を進撃してきて、ひっそりとくらすナマコ、ウニ、同じヒトデでさえも、ことごとく喰らい尽くしていくんだ。まるで、街が巨大円盤に襲撃されるパニック映画みたいな話だね。

人間に例えるとこんな災難

泳げない生き物の悲しさ

ニチリンヒトデはでかいだけじゃなく、相当な速さで動ける。巨大な上に高速。襲われる側はたまったものじゃない。海中を泳げれば難を逃れられるんだけど、それができないところがウニやナマコ、ヒトデなど棘皮動物の悲しさだね。

フリソデエビ

へんな天敵

これがほんとのヒトデナシ

ヒトデばかりが悪者みたいに思えるけど、なかにはヒトデだけを獲物にする生き物もいる。それがこのフリソデエビ。オスとメスのカップルでヒトデを襲い、ヤリ状の脚でヒトデを突き刺し、動けないようにして生きたまま食い殺す。血も涙もないね。ニチリンヒトデにおびえるウニやナマコは、いい気味だと思っているかもしれないね。

棘皮動物

バクダンウニ

じつは骨のあるやつだった

DATA	
分類	ホンウニ目ナガウニ科
分布	インド洋〜西太平洋
環境	サンゴ礁
食べ物	海藻など

分布

殻の直径　約6cm

1章 もっと！へんな姿

ウニのことはみんな知ってるよね。そう、お寿司屋さんで食べるあのウニ。ボールにトゲを生やしたような姿もおなじみだ。さわったら痛そうだよね。でもウニからあのトゲトゲや皮をひっぺがしたら、どうなると思う？ 答え。骨が現れます。えっ、ウニに骨なんてあるの！ 驚いたかい？ そう、ウニには立派な骨がある。しかもとっても不思議な形で、骨だけ見たら、まさかそれがウニのガイコツだなんて、誰も思わないかも。そのなかでも、このバクダンウニの形はひときわ奇妙で、まるで宇宙からやってきたみたいなので「スプートニク※ウニ」ともよばれる。

※ロシアが世界で初めて打ち上げた人工衛星の名前

バクダンウニが、生きて動いていた頃の姿。トゲトゲの数は少ないけど、とても太いね。これはもちろん、身を守るためにあるんだ。

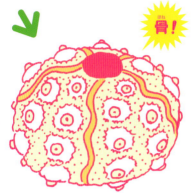

ウニからトゲや皮を取り去ると、こうなる。このイボイボや穴はなんのためにあると思う？

ウニの体のつくり

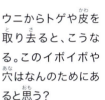

殻
ウニの殻は壺みたいな形で、骨片がパズルみたいに組み合わさってできている。表面にはイボイボが多数ある。イボイボの間に管足が伸び縮みする穴がある。

肛門

管足
手足の役割をする部分。やわらかくて、水を吸うことで伸び縮みする。これで海底に貼りついたり、移動したりできる。

トゲ
トゲの根元はお椀みたいな形になっていて、殻のイボイボとぴったり重なって、関節みたいにぐるぐる動くようになっている。トゲを動かして移動したり、身を守るために天敵へ向けたりできる。光やニオイを感じることもできるといわれる。

口器
「口器」とよばれる部分で、要するに口だ。歯が5本あってこれで海藻なんかをかじって食べる。古代ギリシアの哲学者、アリストテレスがウニを観察し、口器の形がランタン（西洋のちょうちん）に似ているとしたことから「アリストテレスのちょうちん」とよばれるよ。

寿司屋からひとこと
みなさんが食べているウニは、ウニのどの部分かわかりますか？ あれは「生殖巣」という部分。オスは精巣、メスは卵巣。それぞれ色が違うんですよ。栄養がいっぱいつまっています。お召し上がりは、ぜひ当店で！

軟体動物

ウロコフネタマガイ

念入りによろいを着込む貝

DATA
- 分類 ● ネオンファルス目ペストスピル科
- 分布 ● 西インド洋
- 環境 ● 深海の熱水噴出孔
- 食べ物 ● 共生する細菌がつくる養分

分布

殻の高さ 2〜3cm

インド洋の深海底にある「熱水噴出孔」。地熱で熱せられた400℃もの海水が、火山の噴火のように海底から噴きあがる地獄のような場所だけど、意外にも生き物はたくさんいる。2001年、ここで発見された新種の巻貝に、研究者たちは驚いた。なんとこの巻貝は鉄でできていたんだ。鉄でできた貝殻とは丈夫そうだ。そう思ったかい？いいやちがうんだ。鉄でできているのは貝殻じゃなくて「身」のほう。軟らかいお肉の部分が、硫化鉄のうろこでおおわれていたんだ。貝殻で身を守っているはずなのに、その上さらに鉄の装甲をほどこしているとは。なぜ貝が鉄でおおわれているのかは謎だったけど、調べていくうちに、ちゃんとした理由があることがわかってきた。

熱い海水に熱い視線

「熱水噴出孔」から噴き出す熱い海水には、さまざまな化学物質が含まれる。これを目当てに集まってくる生き物はたくさんいるよ。ウロコフネタマガイのよろいも、海水中の化学物質から取り出された硫化鉄でできている。体の表面にすみつく細菌が硫化鉄を合成するんだ。ウロコフネタマガイは、肉食の巻貝から身を守るために、細菌のはたらきを利用して、貝殻だけでなく、体によろいを着込むという防衛方法を獲得したんだ。

よろいをぬぐとまたよろい

この念入りに身を守る手段は、例えるならよろいの上にまたよろいを着込むようなものだね。でもそれなら最初から貝殻にひっこんでしまえばいいんじゃないか？でもひっこみたくてもひっこめない理由があるんだ。ウロコフネタマガイの貝殻のフタは小さすぎて、ちゃんと閉まらないんだよ。だからこういう形に進化したらしいんだ。しまらない話だね。

ヒモムシ（ミドリヒモムシ）

紐形動物

恐怖のゴムヒモ

DATA
- 分類 ● ヒモムシ目リネウス科
- 分布 ● 日本〜東南アジア
- 環境 ● 浅い海
- 食べ物 ● 貝やウミウシなど

分布

全長 最大80cm

ヒモムシ。ヒモみたいだからヒモムシ。じつに単純だ。見た目も本当にただのヒモで、おもしろいことはなんにもない。体はブヨブヨのゴムみたいで、粘液におおわれている。あまりにブヨブヨすぎて、さわってみても、あるんだかないんだかわからないほどの存在感のなさ。いろいろな種類がいるけど、大部分は海の底にいて、ゆっくりと海底をはい回っている。こんな、ひ弱そうな生き物が、大自然の中で生きていけるんだろうか？ と心配になる。ところがどっこい、このヒモ生物はたくましい。こいつは捕食性、つまりほかの生き物を捕らえて食べるんだ。つまり狩人なんだよ。この伸びきったパジャマのゴムヒモみたいなやつがハンターだなんて。しかもその狩りの仕方が強烈なんだ。

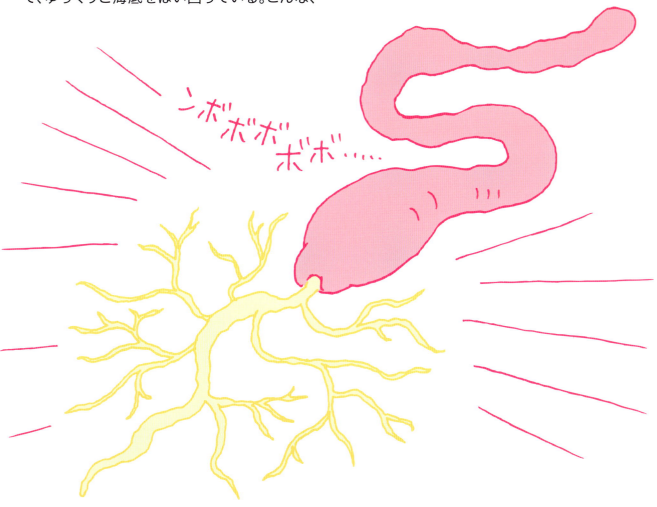

弱いけど強い生き物

ヒモムシは、口から細いひものようなものを出す。これは「吻」といって、獲物をつかまえるための器官だ。ヒモムシの口からさらに細いひもが出てきて、ミミズのようにはい回る姿は、じつに奇妙だ。このひもでナマコや貝などを捕らえ、丸飲みしてしまうんだ。まるで妖怪みたいだね。ヒモムシのなかまは、1000種以上いるといわれている。大きさも数ミリのものから、メートル級まで いるというから、驚きだ。なかには、木の根のような吻を吐き出す種もいる。まるで花火のように吻が枝分かれして、一瞬にして広がる様子は、魔法のようだ。地球温暖化の影響なのかはわからないけれど、大発生したり、陸上にくらす種類のヒモムシが土壌を豊かにしてくれているワラジムシなどを食べ尽くしてしまったりといった問題も起きている。一見、弱々しいゴムヒモみたいなこの生き物は、自然界に大きな影響を及ぼす力をもっているんだ。

アメーバ動物

変形菌
へんけいきん

変身する不思議な生き物

©髙野丈

DATA
- 分類 ● 変形菌綱（へんけいきんこう）
- 分布 ● 世界各地（せかいかくち）
- 環境 ● 森林など（しんりん）
- 食べ物 ● バクテリアなど

分布

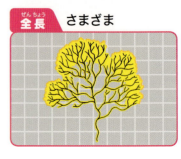
全長 さまざま

1章 もっと！へんな姿

「変形菌」って聞いたことあるかい？ 森の落ち葉や朽ち木の上を、ねばねばしたアメーバがおおっていることがある。これが変形菌だ。菌と名づけどバイ菌（細菌）じゃない。カビでもない。植物でもない。じゃあなんなんだといわれると「変形菌だ」としかいいようがない。それほど変わった生き物なんだ。「変形体」とよばれるこのアメーバが、じわじわとはい進んで、落ち葉や朽ち木を分解するバクテリアを食べながら成長していく。そしてある日ある時、キノコみたいな形に変身してしまうんだ。このキノコみたいのが、色とりどりで形もさまざま。とてもきれいで、イヤリングにしたら、けっこうな値段で売れそうだ。そしてこいつが出した胞子が、あちこちで発芽してなかまを増やす。じゃあやっぱり植物とかキノコなのでは？ いやちがうんだ。変形菌なんだ。

子実体に変身！

アメーバが変身したキノコのようなもの、それを「子実体」という。下の写真は落ち葉の上で、キサカズキホコリという変形菌が子実体に「変身」したところ。拡大してみると、あざやかな黄色で不思議な形。柄の上にのっている卵形の部分に、たくさんの胞子がつまっている。

変形体 こんなのが……

子実体 こんな形に変身！

どうやって変身するのだろう？

次のページへ →

変身のしくみ

アメーバは条件がそろうと子実体に変身する。光が苦手なので、夜間に変身することが多いんだ。子実体の中には無数の胞子がつまっていて、風が吹いたり、昆虫がふれたりすることによって、遠くまで運ばれるしくみになっている。胞子が飛ぶとき、ホコリが舞うように見えるので、変形菌の名前は必ず○○ホコリと名づけられるんだよ。

おうぎ形に広がって、はっていたアメーバが移動しなくなる。

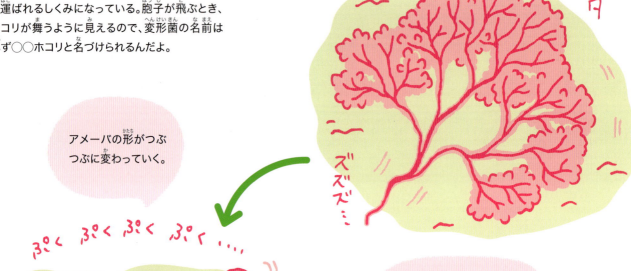

アメーバの形がつぶつぶに変わっていく。

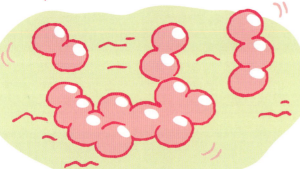

つぶつぶがにょきっと伸び、子実体に変形していく。

子実体の中で胞子ができていく。

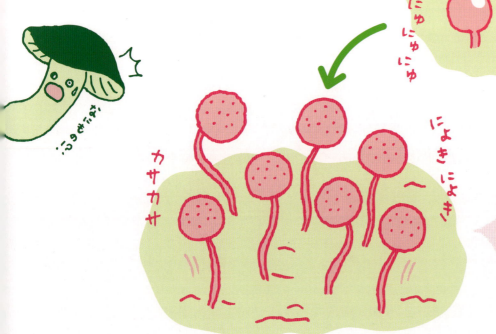

1章 もっと！へんな姿

いろいろな子実体コレクション

子実体の大きさは1ミリ前後ととても小さい。よく見えないけど、ルーペで拡大してみると、色とりどりで、形がおもしろく、摩訶不思議な世界が広がるよ。とくに人気のある種類を紹介しよう。

ジクホコリ

イタモジホコリ

ウルワシモジホコリ

ツキヌキモジホコリ

ルリホコリ

ツヤエリホコリ

ジュエル・キャタピラー

冷やすとおいしそうな幼虫

©Jose Amorin

DATA

分類	鱗翅目ダルセライラガ科
分布	中央～南アメリカ
環境	熱帯雨林
食べ物	植物

分布

全長 約1.5cm

1章 もっと！へんな 姿

これは生き物なの？　どう見てもゼリーかなにかみたいだ。デパ地下の小洒落たお菓子屋さんに、こんなのが売っていたような気もするよ。さわるとプルプルしそうだけど、じつはこれ、アクラガ・コアというガの幼虫なんだ。俗に「ジュエル・キャタピラー」とよばれる。ガの幼虫にはいろいろなタイプのものがいる。毒入りのするどいトゲをもつもの、赤やら黄色やらの派手な色柄模様のもの、毛むくじゃらのもの、大集団になるもの。どれも天敵から身を守るための工夫だ。このジュエル・キャタピラーのプルプルゼリーも、身を守るためのものではないかと考えられている。このプルプルがあれば、鳥なんかにも食べられにくくなるからね。でもなんだかきれいだね。ジュエルというのは宝石という意味、キャタピラーはイモムシという意味だ。

「変態」ってなんだ？

ジュエル・キャタピラーの
成虫

プルン

モフ

このプルプルゼリーがサナギになって、こんな姿の成虫になるんだ。これを「変態」というよ。サナギの中で、体の成分がすべてとけてドロドロになって、再びいろいろな器官ができるっていうんだから、不思議きわまりないね。昆虫がなぜ変態するのか、さまざまに研究されてるけど、本当に本当のところはいまだによくわかっていないんだ。

もしも人間が変態したら……？

幼虫が変態してチョウやガになるのは当たり前？　でもほかにこんな変身をとげる生き物っていないし、すごく奇妙なことだと思わないかい。仮に、人間が変態するとしたらどうする？　会社に行ったお父さんが、まったくちがう姿の生き物になって帰ってきたらどうする？

お父さん　→　サナギ　→　…だれ！？

37

クロスジヒトリ

昆虫

科学する心も負けそうだ

DATA
- 分類 ● チョウ目ヒトリガ科
- 分布 ● 日本(九州〜南西諸島)、中国〜東南アジア〜インド〜オーストラリア北部など
- 環境 ● 農耕地、林など
- 食べ物 ● 農作物の葉(幼虫のとき)

分布

開張 約4cm

1章 もっと！へんな姿

昆虫が好きな子は多いよね。とてもいいことさ。科学的好奇心をもっているってことだからね。この好奇心こそが人類を発展させてきたエンジンなんだよ。そして、そんな好奇心を刺激してくれるのが昆虫の世界。昆虫の世界にはおもしろいこと、不思議なことがたくさんある。虫を見ただけでわめきたてて逃げ出す大人がいるけど、そういう人は人生の、そう、8割ぐらいは損をしているよ。だがしかし！ いくら君が昆虫好きといったって、こいつはどうだ!? この色と形だけでもすごいのに、その尻からこんな毛むくじゃらの黒いうどんみたいなのが、にょきにょき伸びてるんだ。インターネットでこの生き物の画像が公開された時には、みんな鳥肌を立てたものさ。科学的好奇心もくじけそうになってくるじゃないか。

気色悪いが合理的

この毛むくじゃらのうどんみたいなものは、オスがメスを呼び寄せるための「ヘアペンシル」とよばれる器官。オスはここからある種の「ニオイ」を発する。これは「フェロモン」とよばれる物質で、目には見えないほど小さい分子。メスにとってとても魅力的なニオイなんだ。このニオイを通じて、オスとメスは出会い、交尾をして卵を産む。

← リュウキュウアサギマダラのヘアペンシル

「ヘアペンシル」をもつものはほかにもいるよ。例えばリュウキュウアサギマダラというチョウのヘアペンシルは、黄色い尺玉花火みたいな形をしている。理屈は同じで、フェロモンを効率的に放出させるため、毛をたくさん生やした形をしているんだ。

人間だって動物だ

自然界では、異性を誘うやり方がたくさんある。ニオイ、光、鳴き声、ダンス、さまざまな生き物がさまざまなやり方で、オスがメスを、そして、メスがオスを誘う。お互いをアピールし、いい相手と出会って交尾をし、子孫を増やすのが目的だよ。ぼくら人間も、もちろん例外じゃない。男も、女も、自分を魅力的に見せるために、あの手この手でがんばっているんだ。

クジャクハゴロモ

理解に苦しむ

この姿

DATA
- 分類 ● カメムシ目ビワハゴロモ科
- 分布 ● 中央～南アメリカ
- 環境 ● 熱帯雨林
- 食べ物 ● 樹液

体長 2.9～3.4cm

1章 もっと！へんな 姿

ものごとには必ず意味がある。理由がある。どんなに不思議に見えても、複雑に見えても、きちんと考えればちゃんとした訳が見つかる。ぼくらはそう考えている。いろいろなことの理由を考えて、人類は文明を築いてきたんだ。でも一方で、どう考えても理由がわからない、訳がわからないこともある。クジャクハゴロモの形もその一つだ。「クジャクハゴロモ」。名前は美しい。いや、姿だって悪くはない。この翅なんてとてもきれいだ。でもその翅の下から出ているこれはなんだ。この違和感たるや、まるで美しく着飾ったご婦人のスカートの下から、触手がにょろにょろと伸びているような具合だ。これはいったいなんだ。なんなのだ。

わかりません。

結論からいうとわからないのだ。このモヤシのようなものは、体から出たワックス、つまりロウの成分でできていることがわかっている。ただ、それがなんのためかはわかっていない。天敵を驚かすためか、なにかの擬態なのか、身を守るなんかなのか。君はいったいなんだと思う？

似ている生き方

さらにわかりません

こういったよくわからないものに「ツノゼミのツノ」がある。南米に数多くのなかまがいるツノゼミ類には、奇妙な姿形のものが多いけど、その理由はまだよくわかっていないんだ。ああ、モヤモヤするなあ。

写真：ヨツコブツノゼミ

イネクビボソハムシ

昆虫

ウンコで敵を撃退だ

DATA
- 分類● 甲虫目ハムシ科
- 分布● 日本〜台湾〜中国
- 環境● 草地、農地
- 食べ物● イネ、カモガヤなど

分布

体長 0.4〜0.45cm

1章 もっと！へんな姿

ウンコは臭い。ウンコは汚い。君はそう思ってるだろう？ 最近の子どもたちは、恥ずかしくて学校のトイレでウンコができないっていう話を聞いたけど本当なのかな。そうだとしたら困ったものだね。自然界には、フンをむやみに嫌う生き物などいない。フンはありとあらゆることに利用されるんだ。タヌキはお互いのフンからさまざまな情報を伝え合う。カバはフンをまき散らして、なわばりを主張する。ゾウのフンは、カエルのすみかにもなる。そしてフンを防衛力にする昆虫もいるんだ。それがこのイネクビボソハムシだ。フンを盾にして身を守るんだよ。要するに「ウンコバリヤー」だ。君たちは学校でウンコできないくせに、こういう表現は好きなんだろう？ だからもう一度言うよ。ウンコバリヤー！

ウンコバリヤーで敵を撃退

イネクビボソハムシの幼虫。フンを背中にどっさり背負うんだ。

幼虫がフンを背負うとこんな状態になる。フンのたくさん詰まったカプセルみたいなものだね。

幼虫の大敵はほかの昆虫の幼虫に卵を産みつける寄生バチ。卵からかえった寄生バチの子どもは、生きたままの幼虫を食べて成長するんだ。しかしこのウンコバリヤーはこの悪魔みたいな寄生バチを防ぐことができる。寄生バチの子どもが卵からかえっても、分厚いフンのかたまりにさえぎられ、幼虫本体にたどり着けないまま死んでしまう。絶対に成功するわけじゃないけどね。

似ている生き方
そのほかのウンコなかま

フンで身を守るのはイネクビボソハムシだけじゃない。カメノコハムシ類の幼虫には、フンのかたまりを背負うものがいる。フンが積み重なり、さまざまな形になったこうしたかたまりを「糞冠」という。「糞冠」には身を守るだけじゃなく、紫外線をカットする効果もあると考えられている。ウンコの日傘ってわけだね。

インドハナガエル

両生類

陽の目を見ない人生

DATA

- 分類 ● 無尾目インドハナガエル科
- 分布 ● インド南部
- 環境 ● 地下
- 食べ物 ● アリやシロアリなど

分布

体長 5〜9cm

カエルの生息地、つまりすんでいる場所は思ったよりずっと多い。池や川はもちろん、森、砂漠、寒冷地、さらには土の中にすむものもいる。このへんな顔のカエル、インドハナガエルは世界で最も多くの種類の生き物がすむといわれる、インドの「西ガーツ山脈」というところだけで見られる、とても変わったカエルだ。なにしろ土の中にすむカエルなんだからね。じゃあこのカエルのオタマジャクシも土の中で育つのかというと、そうじゃない。なんと滝に打たれてくらすっていうんだ。インドの行者か君たちは。

安心快適、土の中

土の中でくらすカエルというのは、じつはほかにもいる。ときどき地上に出ては、昆虫などを探すんだよ。だけどインドハナガエルは土の中にもぐりっぱなし。しかも3メートルもの深さで、地上には姿を現さない。なにを食べているのかというと、土の中にいるアリやシロアリだ。このおかしな形の鼻先でアリの巣の壁を壊し、舌を差しこんでアリをからめとって食べるんだ。え？そんなみじめな生活はいやだって？でも、彼らはこういった環境に適応して進化してきたんだ。だからきっと、とっても快適なんだろうね。土の中ライフは。

愛の季節は雨の季節

インドハナガエルは、一年に一度だけ地表に現れる。彼らを地上へ招くものはモンスーン、つまりこの土地を定期的に訪れる雨期のことだ。雨期に入る5月ぐらいにインドハナガエルは土から顔を出し、2週間ほどを地上で過ごす。なんのためかって？愛のためさ。オスもメスも地上にはい出て、パートナーを探すんだ。オスは小川の砂の巣穴にもぐり、「ゲッ、ゲッ、ゲッ、ゲッ」と大声で鳴く。これが彼らの愛の歌だ。オスとメスは一緒になると、卵を産む。卵は1〜2日でかえり、中からオタマジャクシが産まれてくる。オタマジャクシの口は吸盤みたいになっていて、小川の滝の裏側の岩に貼りついて、激流をしのぎながら、藻などを食べてくらす。わざわざそんなしんどいところをすみかにするんだね。そして時が来ると、修行を終えてホッとしたかのように、土の中にもぐってゆく。地上とはさよならだ。親子ともども不思議なカエルだね。

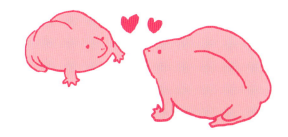

● コラム ● ちょっとへんな生き物

長すぎな生き物たち

長い首。長いくちばし。長いツノ？？……
それぞれ長い進化の時を経て、ここまで長くなったんだろうけど、
それにしても君たち、ちょっと長すぎじゃないか？

そーぉ？

コウヒロナガクビガメ

長い首を素早く伸ばして獲物を捕食する。いったい君は、ヘビなのかカメなのか？

びょーん

ジェレヌク

こう見えてウシのなかま。キリンと同じように高い木の葉を食べる。

ヤリハシハチドリ

長すぎるくちばしは、とても細長い花の蜜をなめるため。ほかのハチドリはくちばしが短いので蜜まで届かない。

シュモクバエ

この長い柄の先に目がある。オス同士の争いは柄の長さ比べ。もちろん長い方が勝ちだ。

オオナガトゲグモ

体に比べて長すぎるツノは、敵を威かくするためと考えられている。

長いだろ？

タテガミオオカミ

オオカミの名がつくが、じつはキツネに近いなかま。脚がとても長い。

第2章
もっと！へんな
住まい

生き物は巣づくりをしてマイホーム住まい……
なんて考えてたらおおまちがい。
あんなとこ？ こんなとこ？ ありえないような
場所で暮らす生き物はたくさんいる。
家主に断りもなければ、もちろん家賃も払わない。
どうしてそこで暮らすかな！

甲かく類

オオタルマワシ

骨はないけど骨まで しゃぶる

DATA
- 分類 ● 端脚目タルマワシ科
- 分布 ● 太平洋〜インド洋〜大西洋
- 環境 ● 深海
- 食べ物 ● サルパやヒカリボヤなど

分布

体長 3〜4cm

2章 もっと！へんな 住まい

この透明な袋のようなものに入っている、まるで透明なカマキリのような姿の生き物はオオタルマワシ。甲かく類、つまりカニやエビのなかまだ。このオオタルマワシを包んでいる透明なものは、海に捨てられたビニール袋ではない。サルパという生き物の死がいだ。オオタルマワシはサルパを獲物にした上、そこにすんでしまうんだ。サルパの内側をすっかりくりぬき、カプセル状にして、宇宙服のように着込んでしまう。サルパを、すみかとして、防護服として、卵を産みつける巣として、生まれた子どもたちを育てる保育器として、とにかく徹底的に利用する。オオタルマワシはサルパを捕まえたら、骨までしゃぶるんだよ。サルパに骨はないけどね。

サルパを使いつくすオオタルマワシ

中身を取り去られ、外側の部分だけになったサルパ。オオタルマワシは中に食べ物を貯蔵したりもするらしい。

4つの目を使って、周囲をくまなく見渡すことができる。

サルパの内側には、卵が産みつけられる。そして産まれた幼生はサルパを食べる。サルパはオオタルマワシにとって保育器であり食糧でもある。

長いはさみ。鋏脚という。これでサルパの中身を切り刻み、きれいにかき取ってしまう。

この尾を振って、水をかいて移動する。

連結したオオサルパ

へんなつながり
サルパとは

「サルパ」っていうのは、大まかにいうとホヤのなかまだ。寒天みたいな透明な体を、ふくらませたり縮ませたりして、水を吹き出して移動する。すごく簡単なジェット噴射だね。こうやって進みながら、水中のプランクトンを食べているんだ。サルパも、自分のクローンをつくったり、なかまと連結して、群体となって行動したりするとても不思議な生き物なんだ。そして、そんなサルパを、オオタルマワシはいつどうやってこんな風に利用することを覚えたのだろう？

軟体動物

アミダコ

タコに聞きたい その訳を

©峯水亮

DATA
- 分類 ● タコ目アミダコ科
- 分布 ● 全世界のあたたかい海
- 環境 ● 深海
- 食べ物 ● 甲かく類

分布

外とう長　メス：約31cm　オス：約3cm

2章 もっと！へんな 住まい

サルパにすみつくのはオオタルマワシ（48〜49ページ）だけじゃない。アミダコというタコがすみつくことがあるんだ。アミダコは海底をはうのではなく、海中を漂ってくらすタコだ。体内に魚のように浮き袋をもち、これで浮き沈みを調節している。メスの体は30センチにもなるが、オスはせいぜい3センチ。サルパに入ってくらすのは、このオスだ。え？サルパがかわいそうだって？大丈夫。アミダコは、オオタルマワシのようにサルパを食べたり、中身をくりぬいたりはしない。ではなぜサルパの中にすむのか？はっきりとはわかっていない。天敵から身を守るため？でも天敵が近づくとサルパの中から逃げ出したりもするそうなんだよね。いったいなんのつもりなんだ君は。

タコエンジン？

このアミダコ、自分でサルパを動かすんだ。サルパの体にしっかりつかまって、一生懸命水を吹き出して推進させる。つまり自分がエンジンになるわけだ。でもこれ、すごく大変じゃない？サルパの中にいるから安全とも限らないし、損得でいったら損な気がするぞ。

へんななかまたち
貝殻の舟に乗るタコ

タコのなかまに「タコブネ」がいる。タコブネのメスは、タコのくせに貝殻をもっているんだ。この殻はもちろん、身を守るためにある。目的がわかりやすいよね。隠れたり、化けたり、道具を使ったり、殻をしょったりと、タコは安全にくらすための様々な技をもっているんだ。ちなみにタコブネのオスは貝殻をもたず、メスよりも小さい。

タコブネ

軟体動物

メジロダコ

タココナッツココです

DATA
- 分類 ● タコ目マダコ科
- 分布 ● 西太平洋〜インド洋
- 環境 ● 海底
- 食べ物 ● 甲かく類など

分布

外とう長 約30cm

タコというのは、とても賢い生き物であることが知られている。ある研究によれば、イヌやカラスぐらいの知能があるそうだ。ビンのふたを開けたり、迷路をくぐったり、驚くような芸当を見せてくれる。危険を感じるとすみを吐いて逃げるのは有名な技だけど、そのほかに体の模様を変化させて、岩や海藻そっくりに化けたり、なかには危険な生き物のモノマネをして身を守ったりする種もいる。それに道具を使ったりもするんだ。道具だって？　そう、近年、道具を使うタコが発見されたんだ。その名はメジロダコ。こいつはココナッツや二枚貝の殻をじつにうまく使いこなす。タコがココナッツ？　いったいなぜ？　どうやって？　なんのために？　ココナッツジュースでも飲むの？

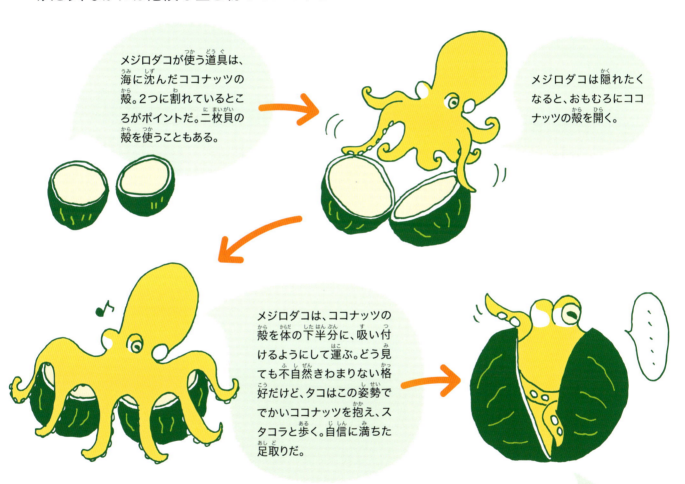

メジロダコが使う道具は、海に沈んだココナッツの殻。2つに割れているところがポイントだ。二枚貝の殻を使うこともある。

メジロダコは隠れたくなると、おもむろにココナッツの殻を開く。

メジロダコは、ココナッツの殻を体の下半分に、吸い付けるようにして運ぶ。どう見ても不自然きわまりない格好だけど、タコはこの姿勢ででかいココナッツを抱え、スタコラと歩く。自信に満ちた足取りだ。

殻を閉じると、あっという間に、ココナッツはタコの隠れ家になる。こうしていればもう誰からも気づかれない。持ち運び用ホテルだね。

やっぱりこれは道具だ

73ページで紹介しているように、チンパンジーが小枝を使ってシロアリを取って食べたり、カラスが枝を使ってカミキリムシの幼虫を釣ったりといった、動物が道具を使う例は昔から知られていたけど、タコがこんなことをするなんて信じられないね。研究者の間でも「これは本当に道具を使っているといえるのか」という議論が巻き起こったほどなんだ。でも、身を隠すという目的のために、利用できるものをちゃんと選んで使っているんだから、道具といわざるを得ないよね。ケチのつけようがない。タコよ、あんたは立派だ。

甲かく類

ウオノエ のなかま

ここでーす

おめでたい邪魔者

DATA
- 分類 ● 等脚目ウオノエ科
- 分布 ● 全世界の海
- 環境 ● 魚の体にすむ
- 食べ物 ● 魚の体液

分布

全長 2〜5cm（タイノエの場合）

2章 もっと！へんな 住まい

魚には、寄生生物がよくくっついている。だいたいはエラの中や内臓に寄生し、栄養分を横取りしたりするんだけど、寄生生物のなかま「ウオノエ」は、なんと大胆にも魚の口の中にすみついてしまう。しかもこいつがまたでかい。人間でいったら、サツマイモぐらいの生き物が舌の上に貼りついているようなものだ。想像するだけで息苦しいね。手をつっこんで引きはがしたいところだけど、魚じゃそうもいかない。文字通り手も足も出ないよ。寄生されたら運の尽き、魚はウオノエに血や体液をちゅうちゅうと吸われ続けてしまうんだ。災難以外のなにものでもないけど、こうした寄生生物は、自然界にたくさんいるんだよ。ズルくてうまくやる生き物たちが。

水の中だけど水いらず

ウオノエのなかま、タイノエは夫婦そろって魚の口の中に寄生するよ。大きくて立派な方が奥さん、小さくて存在感のないのが旦那さんだ。タイノエは、はじめオスで、成長するとメスになる。不思議だね。タイノエは魚にとっては迷惑この上ない寄生生物。でも昔から「鯛の福玉」といわれ、縁起物、つまり幸運のしるしとされてきたんだ。だから、もしお父さんが釣ってきた魚の口からタイノエがひょっこり出てきたら、とりあえず無理矢理にでも喜んでおこう。

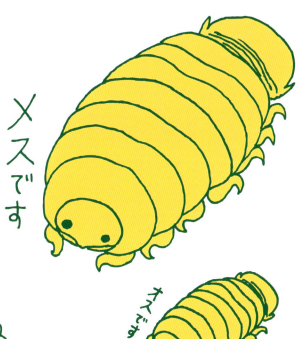

メスです

オスです

腹立たしい旅立ち

タイノエは、体の外側の「育房」という袋に卵を産む。卵は育房の中で守られ、生まれた子どもたちは母に別れを告げ、広い海へ泳ぎだしていく。でも、この感動的な光景を魚は苦々しい顔で見ていることだろう。なにしろ、この子どもたちは、魚の体から横取りされた栄養で育ったんだからね。

アマミホシゾラフグ

謎の遺跡、
愛の奇跡

DATA	
分類	フグ目フグ科
分布	南西諸島
環境	砂地の海底
食べ物	プランクトンなど

分布

全長　約11cm

なにかの遺跡? 美術作品? 海底基地……? ある時期になると、海の底に不思議な円形の模様ができることは以前から知られていた。だけど、それがなんなのかは長らくわからなかった。直径2メートルほどの、奇妙で美しい、砂でできた彫刻のようなものだ。それがフグの作品だとわかったのは、わりと最近だ。フグって、あのふくらむ魚? フグ刺しとかフグ鍋のあのフグ? そう、そのフグのなかまだ。その名は「アマミホシゾラフグ」。背中の模様が星空みたいなので、そう名づけられた。この魚のオスは、メスを誘うために、砂で下の写真のような模様を海底につくる。そう、この円形模様は愛の証しなんだ。君たちに愛の話は早すぎるかな。でも今日は語りたいんだ。どうかフグの愛について、聞いてほしい。

円形模様でメスに求愛

オスがつくる美しい円形模様は「産卵床」といって、オスがメスを誘うためにつくった、いわばモデルハウスだ。「こんなステキなおうちですよ、こんなものをつくれるボクはすばらしいですよ」とアピールするわけだ。さらに、貝殻やサンゴを拾ってきては、きれいに飾りつけるんだ。魚が「飾り」というものの意味をわかってるんだね。そしてメスはこの産卵床に卵を産む。メスを誘うモデルハウスが、子どもたちのゆりかごになるわけだね。

産卵するとき、オスはメスのほっぺをやさしくかむ。「君はボクのものだよ」「いやだわフグオさんたら」なんて言ってるのかな。見せつけてくれるじゃないか。

世界も驚いた愛の奇跡

それにしても、小さなフグがこんな作品をつくるなんて驚きだ。砂の模様というより建造物といったほうがいい。人間でいったら、直径20メートルぐらいの、きれいで正確な円形の模様をつくるようなものだ。巻き尺もスコップもなしに、どうしてこんなに正確な仕事ができるんだろう。まったく愛の奇跡というほかはないね。

産卵床の作り方

まず、腹を砂地に押しつけてぐいぐいと押す

その後、胸びれをぱたぱたさせて砂を巻き上げ、溝を掘っていく。これを何度もくりかえす

魚類　甲かく類

ハゼとテッポウエビ

ハゼとエビの
奇妙で素敵な関係

●ハゼ（ヒレナガネジリンボウ）

DATA
- 分類 ● スズキ目ハゼ科
- 分布 ● 西太平洋～インド洋
- 環境 ● 海底
- 食べ物 ● プランクトンなど

分布

全長 約5cm

●ニシキテッポウエビ

DATA
- 分類 ● エビ目テッポウエビ科
- 分布 ● 太平洋～インド洋
- 環境 ● 海底
- 食べ物 ● 魚類など

分布

体長 4〜4.5cm

「相利共生」ってなんのことかわかるかな？ まったく別の生き物同士が、助け合って生きることだよ。一緒にいるとお互いが得をする関係、大人の言葉でいうと「利害の一致」ってやつさ。ここではそんな利害の一致の例、ハゼとテッポウエビの共生をご紹介したい。テッポウエビって？ これはハサミをパチン！と打ちつけてその音の衝撃で獲物の魚を気絶させて捕らえる、音波兵器を使うエビのなかま。そしてこいつの相棒が、ハゼだ。なんでこいつらがコンビなの？ エビは魚を捕らえるんだから、ハゼにとっては敵じゃないの？ いやそんなことはない。このハゼとテッポウエビは、お互いの利点と欠点をうまくカバーしあえる、素敵な関係を築いたんだ。うーん、見習いたい。

協力します！ 契約の範囲内で

テッポウエビは、音波で獲物を捕らえるという、優れた技をもつけど、目があまりよくない。周囲がよく見えないからタコなどの天敵がくるのになかなか気づかない。ハゼはテッポウエビの巣穴の周りに見張りとして立ち、危険を感じるとテッポウエビに知らせるんだ。ハゼはテッポウエビの触角にさわり、尾を振って体を震わせて、テッポウエビに「警報」を伝えるんだ。

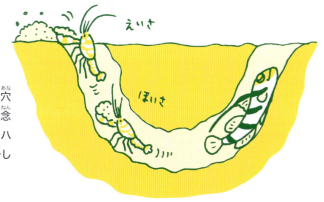

ハゼは見張りをする見返りに、テッポウエビが砂地に掘った巣穴に同居させてもらう。テッポウエビは、この巣穴のお手入れに余念がない。ひまがあれば砂を掘ったり、石をどけたりしているけど、ハゼはなんにもしない。「契約にありません」ってことなのかな。少しは手伝えよ。

サカサクラゲ

似ている生き方
逆立ち関係

こうした「共生」の関係はほかにもあるよ。例えばこのサカサクラゲは体内に「褐虫藻」という藻類、ある種の植物プランクトンをすまわせている。褐虫藻は日光に当たると光合成をする。それでできた生産物をサカサクラゲは栄養分として利用する。褐虫藻はサカサクラゲの排泄物を利用して増える。もちつもたれつの関係だ。もっとも、褐虫藻を日光に当てるためには、上下逆さまでいなくちゃならないんだけどね。

昆虫

テントウハラボソコマユバチ

ゾンビと化すテントウムシ

DATA
- 分類 ● ハチ目コマユバチ科
- 分布 ● 世界各地
- 環境 ● 林や草原
- 食べ物 ● テントウムシの体液（幼虫のとき）

分布

体長 約3mm

心温まる共生の話のあとは、心冷え冷えとする、寄生のお話だよ。寄生生物の中には、相手を徹底的に利用するものがいる。テントウハラボソコマユバチは、テントウムシに寄生する寄生バチの一種。この昆虫は、テントウムシに卵を産みつける。卵からかえった幼虫は、テントウムシの体液を吸いながら成長していくんだ。そんなばかな！ テントウムシはいやがるに決まっているよ。うん、当然そう思うよね。でもテントウムシはいっさい抵抗しないんだ。それどころか、自分の体液を吸う、憎き寄生バチの子どもを、体をはって天敵から守ってやるんだ。なぜそんなことを？

ゾンビのボディガード

テントウムシがまゆにおおいかぶさるのは、まゆを天敵から守る行動だと考えられている。でもなぜ寄生バチを守ったりするのだろう？ テントウハラボソコマユバチは、テントウムシにある種のウイルスを注入して、その行動を操っているのではないかと考えられている。テントウムシはゾンビにされて、働かされているようなものだ。相手を食糧にして、さらにゾンビ兵士に仕立てて子どもを守らせる。なんと残酷で、なんとうまいやり方だろう。

テントウハラボソコマユバチの成虫は、テントウムシに麻酔を注射し、動きを封じると卵を産みつける。

卵からかえった幼虫は、テントウムシの体液を吸いながら成長していく。

やがて成長した幼虫は、テントウムシの体を食い破り、外に出てまゆをつくる。テントウムシはそれでもまだ生きていて、まゆの上におおいかぶさる。

まゆ

やがてまゆから成虫が飛び出し、飛んでいく。そしてどこかで同じことをくりかえす。

カッコウ

鳥類

子育て詐欺にご注意ください

DATA
- 分類 ● カッコウ目カッコウ科
- 分布 ● アジア〜アフリカ〜ヨーロッパ
- 環境 ● 草原など
- 食べ物 ● 昆虫など

分布

全長 約35cm

「静かな湖畔の森の影から♪ もう起きちゃいかがとカッコウが鳴く〜♪ カッコウ〜 カッコウ〜♪」っていう歌、あるよね。あれを聞くとカッコウはいかにもさわやかな鳥に思える。でも、それはあくまでイメージ。本当のカッコウは、詐欺師だ。カッコウはよその鳥をだまくらかし、面倒な子育てを押しつけるんだ。え？ じゃあ本当の子どもはどうするのかって？ 殺してしまうんだ。邪魔だからね。このようによそ様に自分の子どもを育てさせることを「托卵」という。

カッコウは、モズやオオヨシキリなどの巣に近づき、自分の卵を1個産み落とす。そのとき、元からあった卵を1個食べてしまう。まるで数を合わせるかのように。そして素知らぬ顔をしてその場を離れる。

カッコウの卵は、ほかの卵よりも早くふ化する。そして産まれたひなは、早速仕事を開始する。ひなの仕事、それはほかの卵やひなの抹殺だ。

カッコウのひなは産まれるとすぐに、ほかの卵やひなを巣の外に放り出す。自分だけを確実に親鳥に育ててもらうためだ。この仕事をスムーズにやるために、カッコウのひなの背中にはくぼみがある。卵をうまく乗せるための悪魔のくぼみだ。

哀れな親鳥は、カッコウのひなを自分の子どもだと信じこみ、せっせと餌を運んでは口移しで与えてやる。カッコウのひなは、やがて親鳥よりもはるかに図体がでかくなるけど、それでも親鳥は、カッコウを自分の子どもだと信じて疑わない。

子育て詐欺への対策

カッコウのひなが巣立ってもなお、親鳥は巣の近くにいるひなに餌を与え続ける（メイン写真）。そしてひなは、さんざん親のすねをかじったあげく、ある日飛び去ってしまう。もちろんお礼の言葉もない。なんという図々しさ。なんという悪賢さ。でも、托卵される側もやられっぱなしじゃない。模様のわずかな違いからカッコウの卵だけを見分け、これを巣から放り出してしまう賢い親鳥もいる。さらには警戒を厳重にし、カッコウを巣に寄せつけないようにもなってきた。カッコウのほうは、企みがバレると、托卵する相手を別の種類の鳥に変えたりして対処するそうだ。なんだか警察と詐欺師のいたちごっこみたいだね。今後、彼らの托卵をめぐる戦いは、どういう風に進化していくんだろう？

●コラム● ちょっとへんな生き物

心霊写真!?

メンガタスズメ（ガ）の一種

エイの一種

妖怪!?

ジンメンカメムシ

力士!?

顔に見える!?

ヒトの顔？ 妖怪の顔？ 謎の顔？
生き物たちが顔に見せようと
思っているのではなく、
たまたま似てしまっただけだ。
そうわかっちゃいるけど、顔に見えてしまう。
どうしても見えてしまう。

お尻に…

顔！

スケベ顔!?

アカハネナガウンカ

チリヨツメガエル

第3章
もっと！へんな技

技をみがけ。極めろ。生きるために……！
てなわけで進化してきた生き物たち。
その技はあまりに独特すぎて、まるで超能力だ。
狩るため、食うため、生きるための、
あまりにへんすぎるテクニックの数々。

アリタケ

菌類

アリを
ゾンビにする
キノコ

DATA
- 分類 ● ボタンタケ目ノムシタケ科
- 分布 ● 世界各地
- 環境 ● 地中
- 食べ物 ● アリに寄生する

分布

全長　種によって 数mm〜十数cm

左ページの写真、なんだと思った？ アリからキャンディみたいなものが伸びてるね。お帽子をかぶってるみたいでちょっとかわいいかも？ いやいや、これは恐怖の写真、キノコがアリをゾンビにしてしまった様子を写したものだ。キノコがアリの体を乗っ取って、いいように操ったあげく、最後には殺してその体を養分にしてしまうんだ。キノコにはなんとなくかわいいイメージがあるけど、自然界にはこんな悪魔みたいなキノコがいるんだ。この寄生性のキノコのことを「アリタケ」という。アリタケに寄生されたアリは、その時点でもう死んでいるといえる。なんと恐ろしい。キノコにはかわいいイメージがあったのに、裏切られた。もう怖くてシイタケも食べられない。

乗っ取られ、利用され、捨てられるアリさん

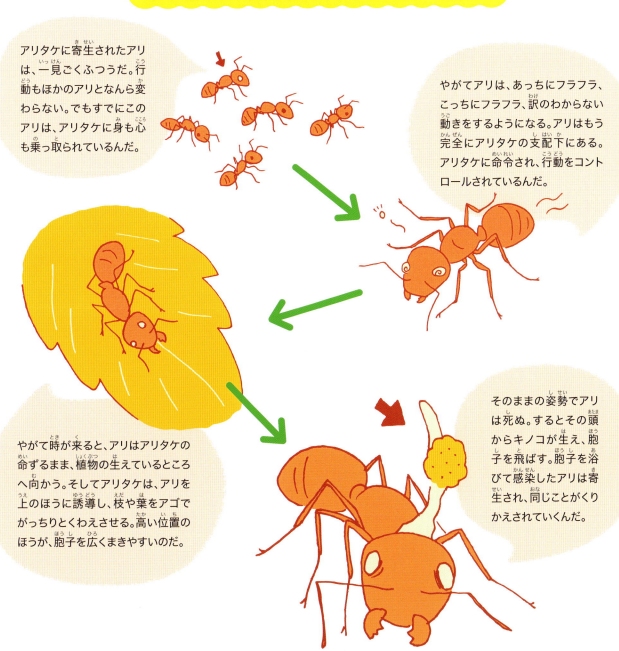

アリタケに寄生されたアリは、一見ごくふつうだ。行動もほかのアリとなんら変わらない。でもすでにこのアリは、アリタケに身も心も乗っ取られているんだ。

やがてアリは、あっちにフラフラ、こっちにフラフラ、訳のわからない動きをするようになる。アリはもう完全にアリタケの支配下にある。アリタケに命令され、行動をコントロールされているんだ。

やがて時が来ると、アリはアリタケの命ずるまま、植物の生えているところへ向かう。そしてアリタケは、アリを上のほうに誘導し、枝や葉をアゴでがっちりとくわえさせる。高い位置のほうが、胞子を広くまきやすいのだ。

そのままの姿勢でアリは死ぬ。するとその頭からキノコが生え、胞子を飛ばす。胞子を浴びて感染したアリは寄生され、同じことがくりかえされていくんだ。

クリプト・キーパー

こぶ状の棺桶

©Andrew Forbes / The University of Iowa

DATA
- 分類 ● ハチ目ヒメコバチ科
- 分布 ● 北アメリカ
- 環境 ● 市街地・林
- 食べ物 ● タマバチに寄生（幼虫のとき）

分布

体長 1.2～2.3mm
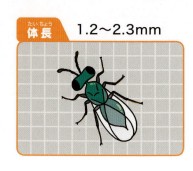

3章 もっと！へんな技

タマバチは木の枝に「虫こぶ」とよばれる隠れ家をつくり、その中で植物を食べて育つ。そして成虫になると、虫こぶに穴を開けて外界に出る。つまり木に寄生するハチなんだ。この寄生バチにさらに寄生するハチがいる。その名はクリプト・キーパー、「棺の番人」という意味だ。クリプト・キーパーはタマバチの幼虫に卵を産みつける。しかしタマバチはふつうに成長し、やがてサナギになり、成虫になる。そして虫こぶに穴を開け、外に出ようとすると……どうしたことだ。体が動かない。穴が小さくて頭がはさまってしまったんだ。そんなバカな！ どうしよう。出られない。動けない。しかし、これは仕組まれたことだった。タマバチが動けなくなった頃に、クリプト・キーパーの幼虫は恐ろしい仕事にとりかかり始める……。

スマートで残酷な寄生のしかた

❶ 木の枝の「虫こぶ」の中で育つタマバチの幼虫。タマバチはふつう、この中で成虫になり、枝に穴を開けて外に飛び立つはずなのだが……。

❷ クリプト・キーパーは、虫こぶの中のタマバチの幼虫を探知し、卵を産みつける。タマバチの幼虫は、なにごともないかのように、植物を食べて成長していく。

❸ やがて成長したタマバチの幼虫はサナギとなり、成虫へと変態する。さあ、虫こぶに穴を開けて外に出る時が来た。

❹ しかし、タマバチはなぜか、自分が通れない太さの穴を開けてしまい、無理にそこを通ろうとして、頭がはさまって動けなくなってしまう。

❺ その頃に、クリプト・キーパーの幼虫は活動を開始、タマバチの体を食い始める。タマバチは動けない状態で、生きたまま食われていく。

❻ やがてクリプト・キーパーは成虫になり、タマバチの体を食い破って外に出る。タマバチはクリプト・キーパーにすみかを与え、食糧を与え、最後には自らがトンネルとなってクリプト・キーパーを外界に出してやるのだ。

クリプト・キーパーはなんらかの方法でタマバチの行動をコントロールし、タマバチにわざと細い穴を開けさせて頭をつっかえさせ、動きを封じていると考えられている。こんなにも巧妙で、こんなにも残酷な寄生の方法があるとは。

サムライアリ

武士の魂まったくなし

DATA
- 分類 ● ハチ目アリ科
- 分布 ● 日本〜朝鮮半島〜中国
- 環境 ● 土中に巣をつくる
- 食べ物 ● 昆虫や微生物

分布

体長 約7mm

昔、欧米の人々はよその国から人をさらってきて、どれいとして働かせたんだ。ひどい話だ。日本にはこんな歴史がなくてよかった……と思ったら、日本にもどれいを使うやつがいるという。それがサムライアリだ。サムライアリは、よそのアリの巣を襲って幼虫やサナギをかっさらい、産まれたアリをどれいとして働かせるんだ。餌とり、子育て、巣の補修、自分たちではなにひとつできず、全部どれいまかせ。どれいが少なくなるとまた襲撃をくりかえす。サムライアリなんて名づけたのは誰だ。誇り高いサムライはこんなことしないぞ。まったくひどいやつらだ。でもおもしろすぎるぞ。

サムライアリの大軍団が、ほかのアリの巣を襲撃する。よくねらわれるのはクロヤマアリだ。

産まれたクロヤマアリは、サムライアリに仕えてくらす。サムライアリは戦闘だけがとりえのろくでなしで、自分で餌をとることすらできないから、生活はすべてどれいまかせだ。

サムライアリは、クロヤマアリを片っ端からかみ殺すと、幼虫やサナギをさらっていく。

女一匹なぐりこみ

サムライアリの群れから、新しく産まれたサムライアリの女王は、新しく自分の巣をつくり、なかまを増やしていかなければならない。女王がまず最初にやることはなにか。それはほかのアリの巣穴を乗っ取ることだ。

新しいサムライアリの女王は、女一匹、単身でクロヤマアリの巣になぐりこみをかける。

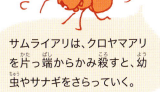

女王は巣に押し入ると、クロヤマアリ女王をかみ殺して、自分が女王になりすます。

どれいにされたクロヤマアリは、サムライアリ女王に仕える。女王がクロヤマアリの女王をかみ殺すとき、そのニオイをまとって、女王になりすますからだ。クロヤマアリにとっては、国をまるごと乗っ取られるようなものだ。

エジプトハゲワシ

鳥類

卵割り職人

DATA

- 分類 ● タカ目タカ科
- 分布 ● アフリカ〜ヨーロッパ〜インド
- 環境 ● サバンナや砂漠など
- 食べ物 ● 卵

分布

全長 約65cm

3章 もっと！へんな 技

道具を使う動物の一例としてメジロダコ（52〜53ページ）を紹介したけど、道具を使う鳥もいるんだよ。それがこのエジプトハゲワシだ。エジプトハゲワシはダチョウの卵を食べるんだけど、ダチョウの卵はとても硬くて、簡単には割れない。そこでエジプトハゲワシは知恵を働かせた。石で卵を割るんだ。くちばしで手頃な石を選んで、トンカチでクギを打つように、器用に石を叩きつけて割る。さらには石をくわえて上空から落っことし、卵を割るなんて芸当も見せてくれる。こういうことを、彼らは、いつ、どうやって覚えたんだろうね。多くの研究者が調べているけど、いまだにはっきりした答えはない。人間の知らないところにスズメの学校ならぬ「ハゲワシ学校」なんてのがあるのかもしれないね。

加減して叩け！
石で卵を割るなんて、簡単そうに見えるけど、実際にはなかなか高度な仕事だよ。強すぎず、弱すぎず、力を加減しなきゃならない。しかもそれを手じゃなく、くちばしでやるんだよ。君は石を口でくわえて卵を割れるかい？

正確にコントロール！
飛びながら上空から石を落として卵を割るのなんて、さらに難しい仕事だ。まずもってなかなか当たらないぞ。これを上手に当てるのは、相当なコントロールが必要だ。目、筋肉、神経、すべてが正確に連動して動かなきゃいけない。そう考えると、ちょっとした奇跡だね、これは。

めんどくさいから放り投げる？
小さい卵の場合は、面倒になるのかそのまま放り投げて割ったりもする。でもその方法はどうかな？ 勢い余って卵が粉々になったりすることはないのだろうか。エジプトハゲワシが失敗したときの顔を見てやりたいね。

似ている生き方
道具を使う動物たち

シロアリの塚に枝を差しこみ、枝にかみついてきたシロアリを食べるチンパンジー。

枝を使って木の中の昆虫を釣り出すカレドニアガラス。

ヒゲワシ

鳥類

骨まで愛して

DATA
- 分類 ● タカ目タカ科
- 分布 ● ユーラシア大陸南部～アフリカ
- 環境 ● 山岳地帯
- 食べ物 ● 動物の死肉や骨

分布

全長 94～125cm

3章 もっと！へんな技

肉食獣は獲物を捕らえて食べる。そしてその食べ残しの肉を食べる動物もいる。でもその後に残る骨は、野ざらしになるだけ。さすがに骨まで食べる動物はいないよね……と思ったら、いた。それがヒゲワシだ。げ、食い残しの骨を食べるなんて、なんていやしい動物だろう。うん、どうしてもそんな風に思えてしまうよね。だいたい骨なんて、すごく硬いし、それになんの栄養もないじゃないか。ところがどっこい、骨の中には「髄」というものがある。この部分に栄養があるんだ。骨だってすばらしい食べ物なんだよ。でも骨はとても硬いし、でかい。これをどうやって食べるんだ？ 大丈夫。ちゃんと方法がある。大空へ運び上げて、パッキーン！だ。

まさに「高度な」技

ヒゲワシは、大きな動物の骨をくちばしや足でつかむと、大空へ舞い上がる。そして上空から骨を落っことして割るんだ。おや、石を落として卵を割るエジプトハゲワシ（72〜73ページ）と似ているね。でもヒゲワシは大きくて硬い骨が相手だ。だから高度もまるでちがう。なんと50〜150メートルもの高さから、骨を落とすそうだよ。いくら硬い骨でも、さすがにこの高さから落とされたらバラバラさ。

それにしたって、あの硬い骨を食べるなんてできるのかな？ 大丈夫。ヒゲワシは胃袋の中にとても強力な消化液をもっている。大きな骨の破片を飲みこんでも、この消化液が溶かしてしまうんだ。

大自然の清掃業

死体や骨を食べるなんて気持ち悪い気がするけど、動物からすれば、食べ物をめぐる競争相手が少ないという利点がある。そしてこういう「掃除屋さん」がいるからこそ、伝染病などの発生も防げ、自然界のリサイクルも成立するんだ。掃除屋さんがいなかったら、大地は腐った死体だらけになってしまうからね。

ほ乳類

ナミチスイコウモリ

これがほんとの血のつながり

DATA
- 分類 ● コウモリ目チスイコウモリ科
- 分布 ● 中央～南アメリカ
- 環境 ● 森林
- 食べ物 ● 動物の血液

分布

体長 7～9cm

3章 もっと！へんな技

コウモリを鳥だと思ってるよい子はいないかな？ コウモリは鳥じゃないよ。飛ぶ能力をもつほ乳類だ。でもコウモリを鳥だと思ってる大人もけっこういるよね。しかも必ず血を吸うと思ってるんだ。ナミチスイコウモリはそのイメージのとおり血を吸うコウモリ。闇にまぎれて人間を襲う……のかと思えば、ブタやウマなどの家畜の血を吸うだって？ ま、まあそれでも怖いことは怖いね。え？ そして空から襲ってくる……んじゃなくて歩いてくる？ ほんとだ、ひょこひょこ歩いてくるぞ。なんかちょっとマヌケじゃない。しかもなかまに吸った血をわけてあげるだって？ なにそれすごく優しいじゃない。心温まっちゃうじゃない。

寝ている家畜に、ぬき足さし足で近づくコウモリ。確かに気づかれにくいけど、かなりマヌケだ。

かみつく部分を決めると、レロレロレロとなめる。だ液には麻酔の効果があり、かみついても気づかれにくくなる。その後、鋭い歯で皮膚を切り裂き、思う存分血をなめる。だ液の中には血が固まりにくくなる成分が入っているので、たくさん吸えるぞ。

自分の体重と同じくらいの血をなめるが、血をなめながら尿を出すので、体が重くて飛べなくなるようなことはない。寝ぐらに戻ると、血を吸いにいけなかったなかまに血をわけてやる。

情けは人のためならず

吸った血を吐き戻し、なかまにわけてあげるって、やっぱり親切なのかな。いやいや、なかまを助ければ、いつか自分が困ったときにも助けてもらえるからなんだ。なんだ、結局自分のためかい。でもそれはお互いが安心して生きるための知恵なんだよ。人間界でも「困ったときはお互い様」っていうだろう？

昆虫

サカダチゴミムシダマシ

風の中の井戸

DATA
- 分類 ● コウチュウ目ゴミムシダマシ科
- 分布 ● アフリカ
- 環境 ● 砂漠地帯
- 食べ物 ● 生き物の死がいなど

分布

体長 15〜25mm
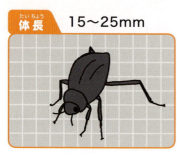

3章 もっと！へんな技

生き物たちの、生きようとする力はものすごい。「こ、ここで生きていくのは無理！」といいたくなるような場所にもたくさんの動植物がいる。暗黒の深海、凍りつきそうな南極、空気の薄い高山、そして砂漠。焼けつくように暑く、一滴の水もないような砂漠に、生き物がすめるわけがない。誰もがそう思うことだろう。だが驚くなかれ、砂漠にすむ生き物はたくさんいるんだ。人間だったら数時間で行き倒れになりそうなこの灼熱地獄で、さまざまな生き物がくらしている。しかし生き物が生きていくには、絶対に水が必要なはずだ。砂漠の生き物たちは井戸もないのに、どうやって水を手に入れているのだろう。この昆虫、サカダチゴミムシダマシの巧妙な方法を見てほしい。

水のアンテナ

サカダチゴミムシダマシのすむナミブ砂漠には、海からの風が吹きこんできて、霧が発生する。霧が出始めるとサカダチゴミムシダマシは逆立ちして背中を風に向けるんだ。翅の表面には細かなでこぼこがあり、翅についた細かい霧が水滴になる。やがて重くなった水滴は、口元に流れ落ちる。翅で霧を上手に集めて、水を得ているんだ。水のアンテナってとこだね。

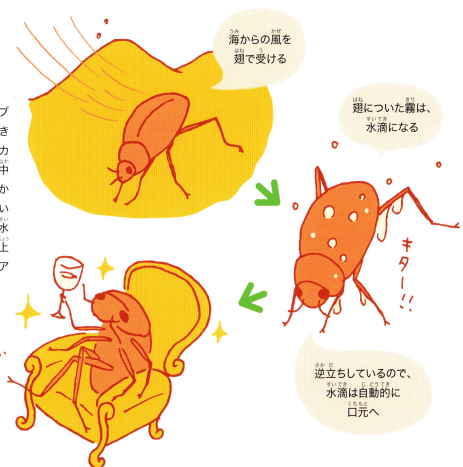

海からの風を翅で受ける

翅についた霧は、水滴になる

キター！！

逆立ちしているので、水滴は自動的に口元へ

至福の時間だね…

似ている生き方

ぼくも霧で助かってます

同じような方法で水を得ている生き物がいる。ミズカキヤモリというヤモリだ。サカダチゴミムシダマシと同じで、砂漠にすんでいるんだけど、こいつは目で霧を受け取る。目玉に水滴ができるんだ。またヤモリの目にはまぶたがなく、透明なうろこにおおわれている。だからミズカキヤモリはうろこの手入れと水を飲むためにぺろりと舌を出して、目玉をなめ回すよ。人間から見たら「てへへ」と笑って舌を出してるように見えるけどね。

ぺろり♪

ランプシリス

軟体動物

魚を化かす貝

DATA
- 分類 ● イシガイ目イシガイ科
- 分布 ● 北アメリカ
- 環境 ● 湖、川
- 食べ物 ● 水中の養分やプランクトン

分布

殻長 約10cm

3章 もっと！へんな技

自然界には、いろいろなものに化ける生き物がいる。ガの幼虫がヘビに化けて鳥を追い払ったり、ナナフシが枝に化けて身を隠したりと、目的も技もさまざまだ。魚に化ける貝もいるんだよ。え？ 意味がわからないって？ そうだよね。でも本当にその言葉どおりなんだ。ランプシリスという貝は、魚に化けるんだよ。貝の一部を魚みたいな形にして、水中でひらひらと動かす。するとそれはどう見ても泳ぐ小魚だ。その小魚をねらって大きな魚が近づいてくる。ランプシリスのねらい目はそこだ。大きな魚をニセモノの小魚でうまくだましておびきよせ、保育園にしてやろうとしてるんだ。保育園だって？ そう、魚にはひとことの断りもない一方的な保育園、無認可保育園だ。

魚めがけて子どもを発射

大型魚が近づいてくると、ランプシリスは魚めがけてぷーっ！っと幼生、つまり貝の子どもを吹きつける。小さな幼生があまりにたくさんいるので、まるで白い煙のようだ。こうしてランプシリスの幼生は魚に寄生するんだ。幼生は魚のエラなどにすみついて、魚の体液を吸いながら成長していく。貝にこんな芸当ができるとは驚きだ。

へんなつながり

お互いさまの寄生生活

日本にも魚に幼生を寄生させる貝がいる。イシガイやカラスガイのなかまだ。水中に放たれた幼生が、ヨシノボリやオイカワなどの魚に寄生する。でも、これらの貝は、逆に魚（タナゴのなかま）に卵を産みつけられて、保育園として利用もされてしまう。こういう関係をなんていうのかな。もちつもたれつ？ 三角関係？

貝の中で育つヤリタナゴの幼魚

ササゴイ

鳥類

誰に教わる釣りの技

DATA
- 分類 ● ペリカン目サギ科
- 分布 ● 世界各地
- 環境 ● 河川や湖沼
- 食べ物 ● 魚など

分布

全長 約52cm

3章 もっと！へんな技

ササゴイは木片や葉っぱなんかをクチバシでくわえると、そうっと水面に浮かべる。そして餌だと思って寄ってきた魚を、パッ！と捕まえる。明らかに「釣り」だね。でもちょっと待ってほしい。ササゴイはチンパンジーやイルカみたいに知能が高いわけじゃない。しかも、釣りをするササゴイは、たくさんいるササゴイの中の一部、ある地域のあるものだけが、釣りをするんだ。これってどういうことだろう？ ある場所のササゴイだけが、秘伝の技を伝えてるってことなのかな？ そのあたりはまだ謎なんだ。ちなみに筆者の早川は、動物園のペンギンのプールで釣りをしているササゴイを見たことがある。「そこは釣れないよ」と言ってやったんだけど、話が通じなかったな。

葉っぱや鳥の羽などを水面に浮かべて魚を待つ。反応がないと餌の位置を変えたりして、何度もやり直す。

魚が浮かんでくると、目にも止まらぬ早技で釣り上げる。

明らかにルアー釣り

餌でもなんでもないもので魚をだまして釣り上げるのだから、まさにこれはルアー釣りだね。でも、やたらめったら物を浮かべりゃいいってわけじゃない。なにをルアーにするか、その大きさ、距離、位置など、さまざまなことをクリアしなくちゃならない。どうやってそのテクニックを開発して、それをまた伝えるんだろう？ まったく不思議だね。

は虫類

スパイダーテイルド・クサリヘビ

クモでトリを釣るヘビ

DATA

- 分類 ● 有隣目クサリヘビ科
- 分布 ● イラン西部
- 環境 ● 山岳地帯
- 食べ物 ● 鳥など

分布

全長 約84cm

3章 もっと！へんな技

釣りをする鳥がいるなら、釣りをするヘビがいてもおかしくない。冗談じゃない！　あんな手も足もない生き物がどうやって釣りを？って思うかもしれないね。ササゴイ（82〜83ページ）は釣りをするのに道具を使うけど、スパイダーテイルド・クサリヘビは道具を必要としない。自らが釣り竿であり餌でもあるんだ。このヘビのしっぽの先はクモみたいな形になっていて、これをたくみに操って獲物を誘うんだよ。でも、その操りっぷりがもう大変だ。どこからどう見ても本物のクモとしか思えない。生き物の擬態でも、人間が見たら一発でわかるようなものがあるけど、これはなかなかわからないぞ。そしてこの精巧なクモ形ルアーでなにを釣るかというと、魚じゃない。鳥なんだ。

見事なクモ芸

スパイダーテイルド・クサリヘビの「クモ芸」はじつに見事だ。こそこそとはい回り、たまにふと止まったりする様子が、もう本当にクモ。気味が悪いほどクモ。そしてクモを食べようと近づいてきた鳥を、一瞬にして捕まえてあとは丸飲みだ。このしっぽの形があまりにへんなので、最初は体の異常かと思われたほどだ。イランの生物学者が、このヘビが釣りをすることを確認して撮影するまでに、3年もかかったんだって。

似ている生き方

魚を釣る魚

こんな風に、体の一部を疑似餌にして獲物をおびき寄せる生き物はほかにもいる。よく知られているのが、チョウチンアンコウやカエルアンコウだ。額に「エスカ」とよばれる疑似餌をもち、ひらひら振って獲物の魚を誘う。ときには、自分と同じぐらいの大きさの魚でも飲み込んでしまうよ。

節足動物

ナゲナワグモ（オオイセキグモ）

真夜中のカウボーイ

DATA
- 分類 ● クモ目ナゲナワグモ科
- 分布 ● オーストラリア
- 環境 ● 森林
- 食べ物 ● ガなどの昆虫

分布

体長 約1.4cm

3章 もっと！へんな 技

投げ縄といえばカウボーイ。でも投げ縄の名手はほかにもいる。クモだ。クモが投げ縄なんてありえないって？ でも本当なんだ。ナゲナワグモはその名のとおり、投げ縄で獲物を捕らえる。夜になると隠れ家から出てきて、おもりをつけた糸をぐるぐると振り回して、獲物をひっかけるんだ。おもりは粘液でできた玉で、くっついたらもうはなれない。狩りが成功すると、ナゲナワグモは糸をつたって獲物に近づいていき、食事にかかる。でも、振り回すだけで獲物がかかるなんて、話がうますぎないか？ いや、じつはナゲナワグモの投げ縄には秘密がある。クモが投げ縄というだけでもびっくりなのに、そこにはさらに高度なしかけがしてあるんだ。

化学的な投げ縄

ナゲナワグモの投げ縄の秘密、それは糸の先の粘液の玉にある。この玉は単にネバネバしているだけじゃない。ある種のガのオスは、メスの出す「フェロモン」という物質にひきつけられる。ナゲナワグモの粘液の玉にはこのフェロモンと同じ物質が含まれている。つまりナゲナワグモは、メスのガがいると思わせて、オスを引き寄せていたんだ。単なる投げ縄じゃない、化学的な罠だ。

もしもヒトに天敵がいたら

もしヒトを餌にする動物がいたら、同じような手を使うんじゃないかな？ 釣り糸の先に女の人の香水なんかぶらさげて、フラフラと近寄ってくる男をパクッと……？ え？ そんな手にひっかかるわけない？ いやいや、わからないぞ。男ってのはきわめて単純だからね……。

ズキンアザラシ

ほ乳類

ふくらむ
男の闘志

DATA
- 分類 ● ネコ目アザラシ科
- 分布 ● 北大西洋～北極海
- 環境 ● 冷たい海、流氷の上など
- 食べ物 ● 魚類など

分布

全長 2～3m

水族館なんかで芸をするアザラシは本当に利口でかわいい。でも野生のアザラシには男の戦いだってあるんだ。北極海にすむズキンアザラシのオスは、メスを巡って男の戦いを繰り広げる。巨体をぶつけ合い、牙でかみつきあう、壮絶な肉弾戦なのか？ いやいや、ズキンアザラシの戦いはもっと高度だ。彼らの武器は鼻ちょうちん。お互いに鼻ちょうちんをふくらませて見せつけ合い、より立派な鼻ちょうちんをふくらました方が勝ちだ。おいおい、本を閉じないでくれよ。これは本当の話なんだ。鼻ちょうちんが男の戦いなんだってば。しかも真っ赤な鼻ちょうちんだ。

鼻ちょうちんで男を見せろ

この赤い風船は鼻の中の膜がふくらんだものだ。ズキンアザラシは、まず鼻の皮膚をふくらませた黒い鼻ちょうちんを互いに見せつけ合って、相手の力を見定める。これで勝負がつかないとなると、今度は互いに赤い鼻ちょうちんを見せつけ合う。そして気合い負けした者は、黙って引き下がる。鼻ちょうちんで互いの力がわかるという、無駄な流血もエネルギーの浪費もない、合理的な戦いだ。

アザラシを見習おう

昔のヨーロッパでは、一人の女性をめぐって男同士が決闘をしたそうだ。決闘なんていうとかっこいいけど、要するに殺し合いだ。野蛮だねえ。アザラシの戦いの方がよほど賢いぞ。現代でも争いやケンカは絶えないから、ここはひとつズキンアザラシを見習った戦いで決着をつけたらどうだろう。例えば胸毛を見せ合って、濃い方が勝ちとか……。

似ている生き方

モテる男はふくらます

赤い風船をふくらます生き物はほかにもいる。グンカンドリだ。グンカンドリのオスはのどにある赤い袋をふくらませて、いかに自分がいい男であるかをメスにアピールするんだ。風船が立派であればあるほどモテるってわけ。がんばりすぎて破裂したりしないか心配になるね。

キタアオジタトカゲ

は虫類

真っ青な舌で、敵も真っ青

DATA
- 分類 ● 有隣目トカゲ科
- 分布 ● オーストラリア北部
- 環境 ● 草原、森林
- 食べ物 ● 昆虫など

分布

全長 約60cm

キタアオジタトカゲは、その名のとおり、舌が青いトカゲだ。アイスなんか食べると、舌が青くなったりすることがあるけど、あんなもんじゃない。本当に真っ青なんだ。ただでさえトカゲやヘビなんてこわいのに、舌が青いなんて不気味だ、なんて君は思うかもしれない。でもキタアオジタトカゲはずんぐりむっくりの体型で、おまけに性格が温厚だ。だからペットとしても人気があるね。それにしてもなんだって、舌が青いんだろう？ これは威かくのためといわれている。危険が迫り、いよいよとなるとキタアオジタトカゲはべーッ！と青い舌を見せつける。……で、それから？ いや、それだけだ。舌が青いってだけで、敵は驚くのかなあ……。ごもっとも。でもそこには秘密があったんだ。

紫外線で対抗だ

最近の研究で、キタアオジタトカゲの舌は、紫外線を反射することがわかってきた。キタアオジタトカゲの天敵、ヘビや鳥などは紫外線を見られることがわかっている。キタアオジタトカゲの舌は、紫外線の反射光で、敵をひるませる効果があるのではないかと考えられてるんだ。単に「あっかんべー」をしてるわけじゃないんだね。ちなみに、キタアオジタトカゲはこの短足胴長の体型から、ツチノコの正体ではないかとも考えられてきたんだよ。

似ている生き方

威かくあれこれ

生き物は、さまざまな手段で敵を威かくする。ヒメアリクイは両手を上げてバンザイし、ミナミコアリクイは両手を広げて自分を大きく見せようとする。人間から見るとかわいいだけだけど、自然界では通用するんだろうか。オイ君たち、かわいいぞ。

防御のポーズをとる
ヒメアリクイ

威かくのポーズをとる
ミナミコアリクイ

昆虫

ルキホルメティカ・ルケ

©Peter Vrsansky

光のモノマネ芸

DATA
- 分類 ● ゴキブリ目オオゴキブリ科
- 分布 ● エクアドル
- 環境 ● 火山地帯
- 食べ物 ● 不明

分布

体長 約2.4cm

3章 もっと！へんな技

ヤドクガエルというカエルは、赤やら青やら、とてもきれいであざやかな色をしている。ガの幼虫などにも、強烈な色の模様をもつものがいる。こういった色や模様は、自分が毒をもつ生物であることをアピールするためのもの。つまり「毒入り危険、さわるな！」っていうことだね。この色や模様を「警告色」というよ。でも色柄模様だけじゃない。光でそれをアピールする生き物もいる。南米にいる「ヒカリコメツキ」という昆虫だ。光の点滅のパターンで、毒があることを知らせるんだ。しかし、利用できるものはとことん利用するのが自然界。このヒカリコメツキの性質をまんまと利用する生き物がいる。それがこのルキホルメティカ・ルケ。ゴキブリのなかまだ。

光でだます

ルキホルメティカ・ルケの光る場所は2カ所あって、その位置も、点滅のパターンもヒカリコメツキとまったく同じ。つまり光のモノマネだ。この昆虫は、光る毒虫とまったく同じ光り方をして、天敵の鳥などをだまして身を守る。暗闇で同じように光っていたら、見分けがつかないからね。

発光するルキホルメティカ・ルケ

発光するヒカリコメツキ。光る位置が同じ

毒虫だ！

そして伝説の生物に…

姿形や声をマネするならともかく、光り方のパターンをマネするなんて、いったいどうやって覚えたんだろう。まるで魔法みたいだ。でも、この不思議なゴキブリはもうこの世にいないかもしれない。2010年に起きた火山の噴火で、この昆虫の生息地は壊滅的な被害を受けた。それ以来、ルキホルメティカ・ルケを見た者は、誰一人としていないんだ。

ニホンミツバチ

昆虫

力を合わせて蒸し殺せ

DATA

- 分類 ● ハチ目ミツバチ科
- 分布 ● 本州、四国、九州
- 環境 ● 森林
- 食べ物 ● 花の蜜、花粉

分布

体長 約1.3cm※

※働きバチの大きさ

3章 もっと！へんな技

ミツバチにとって最凶、最悪の天敵とはなにか。それはスズメバチだ。ミツバチよりも大きく、性質は攻撃的。ヒトが刺されれば痛いばかりか、ときには生命にもかかわる。強力なあごは獲物を簡単に噛み砕き、カマキリでさえも肉団子にしてしまうという。この恐ろしいスズメバチは、ミツバチの巣を襲撃する。幼虫の餌にするためだ。必死に巣を守ろうとするミツバチたち。だが、たかだか数十匹のスズメバチが、数千、数万のミツバチを踏みつけ、引裂き、短時間で皆殺しにしてしまうというのだから、すさまじい。スズメバチに襲われたミツバチの巣には、死骸の山が築かれる。でもミツバチもやられっぱなしじゃない。反撃法はある。思いもかけない反撃法、それはなにか？ 熱だ。

スズメバチは、ミツバチの巣を襲う前に様子をうかがいに来る。そして巣の中に侵入しようとすると、それを待ち構えていたミツバチは、スズメバチに一斉に群がる。

何十、何百というミツバチがスズメバチを包みこみ、蜂の球をつくる。これを「蜂球」という。そしてミツバチたちは、一斉に筋肉を震わせ、内部の温度を47度まで急上昇させる。スズメバチの致死温度は45度。ミツバチたちの致死温度は49度。このわずか数度の温度差が、ミツバチたちの勝ち目だ。蜂球にくるまれたスズメバチは、なすすべもなく蒸し殺されてしまう。人間だったら生きたまま釜ゆでにされるようなものだ。

日本の技

ミツバチの針はスズメバチには通用しない。装甲板のような外皮にはじかれてしまう。そこでミツバチたちは、長い長い時間をかけて、「蜂球」という反撃法を編み出したんだね。でも、じつは蜂球でスズメバチを蒸し殺せるのは、ミツバチのなかでも日本の固有亜種「ニホンミツバチ」だけ。養蜂に使われているセイヨウミツバチは、スズメバチの襲撃を受けたら、大抵全滅してしまう。

有爪動物

カギムシ

モコモコでスベスベでネバネバ

DATA
- 分類 ● カギムシ目
- 分布 ● オーストラリア〜ニュージーランド〜パプアニューギニア、アフリカ、南米など
- 環境 ● 熱帯雨林など
- 食べ物 ● 昆虫類など

分布

体長 約1〜15cm
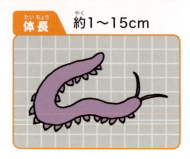

3章 もっと！へんな技

イモムシのようでイモムシでない。ナメクジのようでナメクジでない。ヘビでもないし、ミミズでもない。なにかの幼虫というわけでもない。ではいったいなんだというと、分類上も「カギムシ」としかいいようがない、特殊な生き物なんだ。モコモコの体にスベスベのお肌で、別名「ベルベットワーム」ともよばれる。長い触角がかわいいといえば、かわいいかな。南米、アフリカなどの、熱帯雨林の地面や腐った木の中などにすんでいる。それならおとなしく葉っぱでも食べていそうなもんだけど、どっこいカギムシはハンターだ。昆虫などを捕らえて食べるんだけど、その狩りの技がとても奇妙なんだ。なにしろ飛び道具を使うんだからね。ネバネバの飛び道具を。

ネバネバ乱れ撃ち

カギムシは、口のそばにある2つの「粘液腺」から粘液を発射し、昆虫などの獲物を捕らえる。水鉄砲みたいなものかと思ったら大まちがい。カギムシの粘液射出は、まるでレーザー光線の乱れ撃ちのようなもの、投網のように広い範囲に粘液をまき散らすんだ。この特殊なタンパク質を含む粘液はとても強力で、射程距離も長く、30センチも飛ぶことがあるという。これにからめとられた獲物は動けなくなってしまうんだ。

有櫛動物

ウリクラゲ

どん欲な
イルミネーション

DATA
- 分類 ● ウリクラゲ目ウリクラゲ科
- 分布 ● 全世界の冷たい海
- 環境 ● 深海
- 食べ物 ● クラゲやサルパなど

分布

全長 約10cm

クラゲっていいよね。最近は水族館でもクラゲのコーナーが充実している。大きな水槽にきれいなクラゲがゆっくり泳いでいて、人生に疲れた大人たちを癒したりしているよ。でもこのウリクラゲってのは何者だ？ 傘もなければ触手もない、なんのおもしろみもないイモみたいな形のくせに、青色やら赤色やら、すごくきれいに輝いているじゃないか。まるで体がネオンみたいだ。これがクラゲ？ いや、名前にはクラゲとつくが、クシクラゲ類という、別の生き物のなかまなんだ。クラゲは小さなエビや小魚などを捕らえて食べるけど、このウリクラゲにもなんだかでかい口がある。この口で小さなエビなんかを食べるのかな。いいや違うんだ。このウリクラゲの食べ物は、ほかのクラゲや同じクシクラゲのなかまなんだ。

光っていながら光っていない

しかしこのクラゲ、どうしてこんなに全身がピカピカ光るんだろう？ いや、じつはこれは光っているんじゃない。光を反射しているにすぎないんだ。ウリクラゲの体の表面には、細かい毛のようなものがたくさんあって、これが整然と動き、オールのように水をかいている。そこに光が当たると、光は複雑な反射と屈折を起こして、こんなにきれいなネオンのように見えるわけ。この「光」は天敵を警戒させるためではないかと考えられているよ。

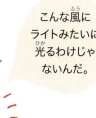

こんな風にライトみたいに光るわけじゃないんだ。

おなかまを食べます

ウリクラゲは、ほかのクシクラゲのなかま、カブトクラゲなどに近寄っていく。そして挨拶をかわすのかと思えば、でかい口をあけて丸飲みしてしまう。ウリクラゲはほかのクラゲだけでなく、同じクシクラゲのなかまも食べてしまうんだ。

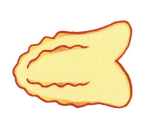

魚類

サンキャクウオ

受け身のパラボラ人生

©Ocean Exploration Trust / Nautilus Live

DATA
- 分類 ● ヒメ目チョウチンハダカ科
- 分布 ● 全世界のあたたかい海
- 環境 ● 深海の海底
- 食べ物 ● プランクトンなど

分布

全長 約20cm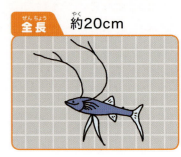

「攻めていけ」だの「勝ちにいく」だの、最近の大人たちは、ずいぶん鼻息の荒いことばかりいうね。子どものころは勉強、勉強で、大人になったら働け、働け。まったく疲れるったらありゃしない。人生、もっとこうのんびり生きたいとは思わないか。というわけで、なんにもしない、ただ待ってるだけの受け身の生き物をご紹介するよ。サンキャクウオという深海魚だ。この魚は深い海の底で、長いヒレで三脚のように突っ立ってるだけ。流れに向かって立っていれば、エサが流れてくるだろうってわけ。そんなことでこの厳しい海でやっていけるんだろうか。大丈夫、受け身は受け身なりに、生きる知恵があるんだ。

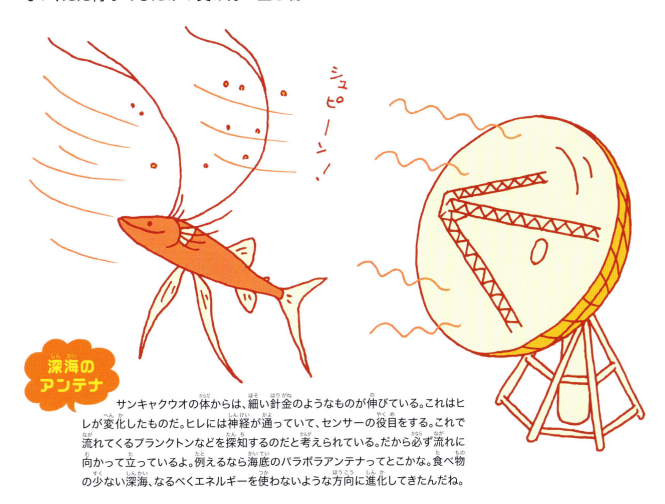

深海のアンテナ

サンキャクウオの体からは、細い針金のようなものが伸びている。これはヒレが変化したものだ。ヒレには神経が通っていて、センサーの役目をする。これで流れてくるプランクトンなどを探知するのだと考えられている。だから必ず流れに向かって立っているよ。例えるなら海底のパラボラアンテナってとこかな。食べ物の少ない深海、なるべくエネルギーを使わないような方向に進化してきたんだね。

海底の流れに向かって立つサンキャクウオだけど、流れが変わると横倒しになってしまうこともあるらしい。だからどうだってわけじゃないんだけど、そうなんだってさ。

ほ乳類

オポッサム

死んだフリ師匠

DATA
- 分類 ● オポッサム目オポッサム科
- 分布 ● 北〜南アメリカ
- 環境 ● 森林など
- 食べ物 ● 昆虫類など

分布

体長 33〜55cm　尾長 25〜54cm
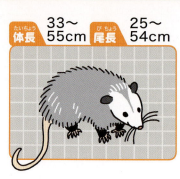

「クマに出会ってしまったときは死んだフリをすればいい」なんていうね。あれ、本当なのかな。かなり怪しい気がするぞ。でも自然界では、死んだフリは確かに有効なワザだ。獲物をねらう肉食の動物は、動物の死がいを避ける傾向がある。肉が腐っているかもしれないし、なにかの病気、つまり病原菌をもっているかもしれないし、寄生虫がついているかもしれない。うっかり食べたらこっちの身が危ない。そういう肉食獣の警戒心をたくみに利用するのが、北アメリカにすむオポッサムのなかま。こいつは死んだフリをして天敵をやりすごすんだけど、その技がうまい、うますぎる！「アカデミー死んだフリ賞」ってのがあったら、まちがいなくオポッサムがとるね。

危険を感じたオポッサムは……

バッタリと地面に倒れる。迷いのない動き。

あとはなにをされようが、徹底的に死んだまま。プロの技だ。

匠の技

開いた口から舌を出し、ピクピクとけいれんを起こしつつ、徐々に息絶えていく。オポッサムのお芝居は、思わず「死んじゃいかん！」と叫びたくなるようなリアルさだ。種類によってはだ液で死臭まで漂わせるというから、凝っている。うつろな目つきといい、かまれても正体を見せない根性といい、まさに匠の技だ。でもオポッサムの技が通じない敵もいる。それは車だ。道路を渡ろうとして、車にひかれてしまうオポッサムは多いそうだ。

● コラム ● ちょっとへんな生き物

いろいろな擬態

ほかの生き物に似る擬態は、天敵から身を守ったり、
獲物に忍び寄ったりするのに有利だと考えられる。

本当はクモ！

ハエトリグモの一種。
クモのくせに、甲虫に擬態して獲物を油断させる

本当はクモ！

サカグチトリノフンダマシ（クモ）の一種。
クモのくせに、テントウムシに擬態して獲物に忍び寄る

本当はカマキリ！

アリカマキリ。
カマキリのくせに、アリに擬態して身を守っている

本当はカミキリムシ！

オオトラカミキリ。
カミキリムシのくせに、スズメバチに擬態して身を守っている

本当は後ろ姿！

カリフォルニアスズメフクロウ。
後頭に目のような模様があり、
まるで前と後ろに顔があるみたい。
後ろを向いているときも、
にらみをきかせてスキがない？

第4章
もっと！へんな
危険

ダメ、ゼッタイ！

危険！危険！見るなさわるな近寄るな。
こいつににらまれたら、命がいくつあっても足りない。
海で、山で、大空で、なにかが君をねらってる。
油断のならない危ないやつら。
とりあえず、みんな走って逃げろ！

オウギワシ

鳥類

生きている神話

DATA

- 分類 ● タカ目タカ科
- 分布 ● 中央〜南アメリカ
- 環境 ● 熱帯雨林
- 食べ物 ● サルやナマケモノなどの動物、鳥

分布

全長 89〜102cm

4章 もっと！へんな危険

ギリシャ神話には「ハーピー」という怪物が登場する。巨大な翼とかぎ爪をもつ、人間と鳥を合体させたような異様な姿。いつも腹をへらし、子どもをひったくるようにさらってゆく、いやらしい化け物だ。オウギワシの英名は「ハーピー・イーグル」。この伝説の怪物からとられた名前だ。しかしオウギワシには、神話のハーピーのような汚らわしい感じはない。むしろ神々しいような姿だ。でも、猛禽としてのすさまじさだけは神話なみといえる。体重7.5キロ、翼を広げた大きさ2メートル。猛禽類では最大級の大きさで、猛スピードで木々の間をすりぬける様は、アクロバット飛行だ。さっそうとした姿といい、強さといい、まるで伝説そのもの。オウギワシは生きている神話なんだ。

シュバッ

殺しの曲芸

オウギワシの最高速度は時速80キロにも達し、クマよりも大きく鋭いかぎ爪で獲物に襲いかかる。そしてそのパワーと技術は、ありえないような狩りを実現する。木々のすき間を猛スピードでかいくぐり、枝につかまっているサルやナマケモノをそのままひっつかんで、さらっていくんだ。こんな芸当ができる鳥は、オウギワシだけだ。

時速80キロでつっこんできて、かぎ爪でさらわれるときのすさまじさをどうか想像してみてほしい。あまりの衝撃に、ナマケモノなどはその瞬間にショック死するそうだ。じわじわと死ぬより、むしろその方が慈悲深いかもしれないけどね。

南無阿弥陀仏 南無阿

ヘビクイワシ

鳥類

蹴りをいれる書記

DATA
- 分類 ● タカ目ヘビクイワシ科
- 分布 ● アフリカ
- 環境 ● サバンナ
- 食べ物 ● 昆虫、ヘビなど

分布

全長 約150cm

ヘビっていうと、あまりよくないイメージが多いかもしれないね。毒をもち、獲物を生きたまま丸飲み、姿形も不気味だ。人間が楽園から追放された原因になった悪いやつだと聖書にも書いてある。でもヘビクイワシの狩りの方法を見たら、にわかにヘビが気の毒になってくる。ヘビクイワシはワシ・タカのなかまで、とてもスタイルがいい。長い足、スマートな胴体はまるでモデルのようで、頭の羽が羽ペンみたいに見えることから「書記官鳥」などともよばれる。しかしこんなすごい書記官はいないだろう。なにしろヘビクイワシは、ヘビを見つけると狂ったように蹴りつけるんだ。まるで長年の恨みでもあるかのようだけど、そんなものはない。単に食べたいだけだ。

ひたすら歩くハンター

ヘビクイワシは、ヘビを見つけるとキック！問答無用でキックキック！頭をねらってキックキックキック！すさまじい勢いでヘビを蹴りつける。そして十分弱らせたところで、おそばのように、つるつるとすすりあげてしまう。これがヘビクイワシの狩りの手法なんだ。ヘビのほかにもいろいろな地上の動物を捕らえるので、ヘビクイワシは、いつもサバンナをゆう然と歩き回っているんだ。

へんなつながり

守りに入るヘビ

ヘビクイワシをはじめ、ヘビには天敵がたくさんいる。猛毒があったって無敵じゃないんだ。だからいろいろな方法で身を守っている。例えば森林にすむライノセラスアダーというヘビは不思議な模様で身を守っているよ。この複雑な模様が、森の中では落ち葉や土にまぎれ、姿が見えにくくなるんだ。カモフラージュだね。

\ どーこだ？ /

リンカルス

は虫類

悪意はないけど毒を吐く

DATA
- 分類 ● 有隣目コブラ科
- 分布 ● アフリカ南部
- 環境 ● 草原や湿地など
- 食べ物 ● 小動物

分布

全長 90〜110cm

人の悪口を言ったり、不満をぶちまけたりすることを「毒を吐く」ということがある。リンカルスは別名「ドクハキコブラ」。でも別にお姑さんの悪口を言ったりするわけじゃない。本当に毒を吐くんだ。いや、発射するといったほうがいいかもしれない。ヘビといえば毒ヘビを連想する人はたくさんいるだろう。リンカルスも毒ヘビのなかまだ。でも獲物にかみついて毒を注入するわけじゃない。毒を遠くへ飛ばして、天敵を退散させるんだ。ヘビだって身を守らなきゃならないからね。この毒が目に入るとすごく痛くて、運が悪いと失明することもある。まさかヘビが毒を吐きかけるなんて天敵も夢にも思わないよ。しかもこのヘビは「疑死」、つまり死んだフリもうまいんだ。身の守り方が念入りだね。

ねらいは正確

リンカルスの天敵はシママングース、ラーテルなどの気の荒いやつらだ。こいつらにねらわれると、リンカルスは相手に毒を発射する。ねらいは正確で、3メートルも離れたところから、相手の目に当てることができるという。

こんなに正確に的に当てられるなんて、相当な技。ヘビが、口から液体を発射して3メートル先の的に当てるんだよ。人間でいったら、数十メートルも離れた的に、矢を当てるようなものだ。リンカルスも、ひょっとしたらなにかの競技会に出られるんじゃないかな？

ほ乳類

ヒョウアザラシ

南極（なんきょく）にいるヒョウ

DATA
- 分類（ぶんるい） ● ネコ目（もく）アザラシ科（か）
- 分布（ぶんぷ） ● 南極海（なんきょくかい）
- 環境（かんきょう） ● 冷（つめ）たい海（うみ）、流氷（りゅうひょう）の上（うえ）など
- 食（た）べ物（もの） ● ペンギン、小型（こがた）のアザラシなど

分布（ぶんぷ）

全長（ぜんちょう） 3〜3.8m

ヘビをこわいという人はいても、アザラシをこわいという人はいない。水族館や動物園でもアザラシは人気者だ。人気者といえばペンギンだって負けてはいない。ペンギンはかわいい。ペンギン大好き。でも、そんなかわいいペンギンが、かわいいはずのアザラシに食い殺されると知ったら、ぼくたちはどうすりゃいいんだ。アザラシのなかま、ヒョウアザラシはどう猛な海の殺し屋だ。素早い動き、口が裂けるほど大きく開くアゴ、ナイフのように鋭い歯で、ペンギンばかりか、ほかのアザラシさえ襲って食い殺す。南極大陸においては、シャチの次に位置する強烈なハンター、それがヒョウアザラシだ。

ぼくらのよく知っているアザラシ
※イメージです

ペンギンをプレゼント

ヒョウアザラシの狩りは激しい。ペンギンにかみついてぶんぶんと振り回し、何度も水面に叩きつけて、肉を引き裂く。まるで親の仇を討って

るみたいだ。でも、ちょっとほほえましいところもあるんだ。ある水中カメラマンは、南極の海にもぐって撮影していたところ、メスのヒョウアザラシに出会ってぎょっとしたんだ。でも、なんとそのヒョウアザラシは、カメラマンに、ペンギンを捕まえてもってきてくれたそうなんだ。何度も捕まえてきては、ペンギンを差し出す。どうやら狩りもできない、かわいそうななかまと思われたらしい。「さあ、お食べなさい」ってことなんだろう。ちょっとほほえましいね。でも、ペンギンにとっては地獄だね。

ヒョウアザラシ
※イメージです

タイコバエ

食って使ってギロチンだ

DATA
- 分類 ● ハエ目ノミバエ科
- 分布 ● 南アメリカ
- 環境 ● 森林
- 食べ物 ● アカカミアリ

分布

体長 約3mm
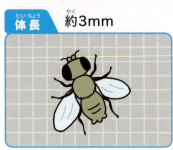

4章 もっと！へんな 危険

ほかの生き物の体を乗っ取る、つまり相手に寄生して生きる生き物をいろいろと見てきたね。どのやり口もまことに残忍非道で容赦ない。と、いうわけでまたまたそういう寄生生物を紹介するよ。その名は「タイコバエ」。じつに平凡な名前だけど恐ろしいやつだ。タイコバエのターゲットは「アカカミアリ」というアリ。アリはタイコバエの幼虫に寄生され、生きたまま脳を食われ、食べ物かつ、ゆりかごにさせられるんだ。そして、その後は解放してもらえるかと思ったらそんなことはなく、最後には首を切り落とされてしまう。アカカミアリは毒針をもっているけど、この敵に対してはまったく無力だ。

タイコバエの成虫は、アカカミアリを見つけると、その体に卵を産みつける。

卵からかえった幼虫は、アリの頭部に移動し、脳を食べて成長する。

アリは巣穴を離れ、一人さまよいだす。

緑地などへ着くと、タイコバエの幼虫はアリの首を切り落とす。

アリの内部を食いつくし、サナギになったタイコバエはやがて羽化し、アリの首から成虫となって現れる。

タイコバエの幼虫が、アリの脳を乗っ取って行動をコントロールしているのかどうかは、まだわかっていない。一つ確かなことは、タイコバエは長い長い年月をかけて進化し、アリを利用して生きる技術をみがいてきたってことだ。今後アカカミアリがタイコバエに対抗する力をもてるかどうかは、そう、あと1万年ぐらい観察していればわかるかもね。

ヤツワクガビル

環形動物

管を飲み込む管

DATA
- 分類 ● 顎無ヒル目クガビル科
- 分布 ● 本州～四国～九州
- 環境 ● 山の湿ったところ
- 食べ物 ● ミミズなど

分布

全長 約30cm

4章 もっと！へんな 危険

ヒルっていうと「血を吸うやつ」っていうイメージが強いかもしれない。でも最近の子どもたちはヒル自体を知らないかもね。日本だと、吸血ビルのなかまとしてはヤマビルがよく知られている。山道なんかを歩いていると、いつのまにか足にくっついて、靴下が血まみれになっていることがあるから嫌われる存在だ。あこぎなお金もうけをする人を"ヒルのようなやつだ"なんてね。でもヒルには血を吸う種類だけじゃなく、肉食のものもいるんだ。その名もヤツワクガビル。「クガビル」という肉食のヒルの一種だ。山にすむ肉食性のヒルで、大きいもので体長30センチにも達する。で、このヒルがなにを食べるかというとミミズなんだ。どうやって食べるかというと、ハイ、下図のとおり。げ！

太さ大きさ関係なし

ヤツワクガビルはミミズを丸飲みにする。でもミミズとヤツワクガビルの大きさは同じぐらいのこともあるし、むしろミミズのほうが太かったりする。でもヤツワクガビルはおかまいなしに、まるで靴下をはくように、ミミズを飲み込んでいく。

ミミズなどを食べるこういったヒルを「巨食性ヒル」という。食べるといっても飲み込むだけで歯はない。一方、血を吸うヤマビルなどには、ノコギリみたいな歯があるんだ。

例えるならこんな食べ方

ヤツワクガビルの食事風景は、じつに不思議なものだ。無理矢理例えるなら、ものすごく太いうどんをすするようなものかな？

環形動物

オニイソメ

長い長いわな

DATA
分類 ● イソメ目イソメ科
分布 ● 太平洋〜インド洋〜大西洋
環境 ● 海底
食べ物 ● 魚類など

分布

全長 100〜300cm

こいつの名前はオニイソメ。「多毛類」といわれるイソメのなかまだ。イソメは、釣り餌なんかに使われちゃうおとなしい生き物なんだけど、オニイソメはそんな連中とは格がちがう。なにしろ太さは大人の親指ほどもあり、体長は1メートルほどにも達する巨大さだ。なかには体長3メートルに達するものもいるというから驚きだね。でかいムカデに、ミヤマクワガタのアゴを合体させたようなこの姿。しかも体の表面はあやしい虹色に輝く。「スター・ウォーズ」に出演してもおかしくなさそうだ。しかもこいつは狩人で、魚、カニ、エビなど、なんでも捕らえて食ってしまう。でも別に特別な場所にすむ特別な生き物って訳じゃない。世界各地の海にふつうにいるんだよ。こんな怪物が。

オニイソメの狩り

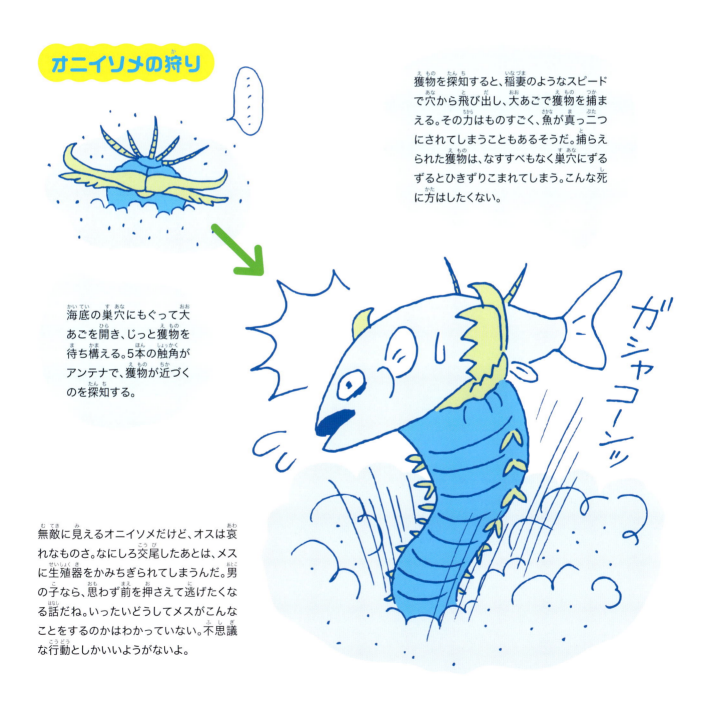

海底の巣穴にもぐって大あごを開き、じっと獲物を待ち構える。5本の触角がアンテナで、獲物が近づくのを探知する。

獲物を探知すると、稲妻のようなスピードで穴から飛び出し、大あごで獲物を捕まえる。その力はものすごく、魚が真っ二つにされてしまうこともあるそうだ。捕らえられた獲物は、なすすべもなく巣穴にずるずるとひきずりこまれてしまう。こんな死に方はしたくない。

無敵に見えるオニイソメだけど、オスは哀れなものさ。なにしろ交尾したあとは、メスに生殖器をかみちぎられてしまうんだ。男の子なら、思わず前を押さえて逃げたくなる話だね。いったいどうしてメスがこんなことをするのかはわかっていない。不思議な行動としかいいようがないよ。

ギンピギンピ

被子植物

さわると地獄

DATA
- 分類 ● バラ目イラクサ科
- 分布 ● オーストラリア北東部
- 環境 ● 熱帯雨林のふちなど

分布

木の高さ 100〜200cm

4章 もっと！へんな **危険**

一見、なんということもない植物だ。なぜこんなのが『もっと！へんな生き物ずかん』に載ってるんだろう？ しかもトリをつとめるなんて。君はそう思うかもしれない。でも、このシソかなにかに見える植物は「ギンピギンピ」という名前の毒草なんだ。毒草のたぐいは数あれど、このギンピギンピより恐ろしいものはほかにない。この植物の毒は、単にはれる、かぶれるといった程度のものじゃない。その強力な神経毒は人間を地獄に突き落としてしまうんだ。えんえんと続く激痛という地獄に。昔、森で用を足して、うっかりギンピギンピをトイレットペーパーがわりに使ってしまった男がいたという。その男は苦しみ続け、ついには……おお、その先は恐ろしくてとても書けないよ。

酸と電気の拷問

ギンピギンピの葉には、目に見えないトゲが無数に生えている。これに刺されると、ある植物学者いわく「熱い酸で焼かれると同時に感電する」というぐらいの激痛が走る。しかもそれがずっと続くんだ。ある人は、2年間も痛みに苦しみ続けたという。この草はオーストラリア産なんだけど、オーストラリアに行って、もしこの植物を見つけても、さわったりしたらダメ、ゼッタイ！

小さい悪魔の爪

これがギンピギンピのトゲだ。目に見えないほど小さな、猛毒をもつ針だと思ってくれればいい。刺されても、小さすぎて抜くのは難しい。うっかり体内に残ってしまった針のかけらは、毒を放出し続ける。地球温暖化で、こんな植物が日本に上陸してきたらどうしよう！？

●コラム● ちょっとへんな生き物

まさかの擬態

自然の中にとけこむような擬態。
知らずに歩いていれば、見逃してしまうだろう。

本当は ガの幼虫！

これは南米で見つかったガの幼虫。
落ちている鳥の羽根にしか見えない

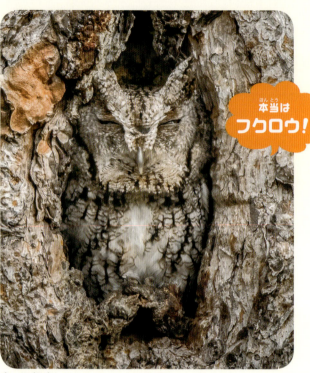

本当は フクロウ！

木と一体化したフクロウのなかま。
じっとしていれば、誰にも見つからないだろう

本当は クモ！

オナガグモ。飛んできた枯れ草が、
クモの糸に引っかかっているように見える

本当は チョウ！

コノハチョウの一種。
どちらが枯れ葉か一瞬わからないほど似ている（右がチョウ）

本当はガの幼虫！

木の枝に見えるのはクワエダシャク（ガ）の幼虫。身のまわりでも見かけることがある

本当は魚！

ヘコアユの幼魚。落ち葉が流れているように見えるのは、じつは魚の群れ

本当はキリギリス！

後ろ足が葉っぱに似たキリギリスの一種。枯れ葉ではなく元気な葉っぱ風なのがポイント

本当はカエル！

カエルの一種。葉の上でじっとしていると、鳥のフンのように見える

本当はガ！

これはなんとガの一種。鳥や小動物のフンに擬態している。フンに含まれる植物の種子まで擬態しているようだ

本当はガの模様！

モンウスギヌカギバというガの成虫。これはきわめつけ！鳥のフンにハエのなかまが2匹たかっている様子が翅の模様になっている。まるで誰かがいたずら書きしたみたいだ

おわりに

"へん"でよかった

「へんなやつぅ～」こう言われると、あんまりいい気持ちにはなれないよね。だって"へん"って、ほめられるときには使われないのがふつうだからさ。

じゃあ、この本にたくさん登場する生き物たちは、"へん"と言われたらどう思うだろう。きっと、「うるせ～な。オレはこれが気に入ってるんだ！」って言うんじゃないかな。だって、自分のことをへんだとは思っていないだろうからね。

だいたい"へん、へん"っていうけど、これって人間のモノサシで見た場合の話だよね。逆に彼らから見たら、ボクら人間の姿や行動はそうとうへんだと思うだろう。

人間のモノサシで最初はへんだなと思った生き物も、その理由を知ると、とたんに「よくできているなあ」と思う。この本を読んでみて、キミはそう思わなかったかい？ ボクはいつも秘密を知れば知るほど感心してしまうんだ。

地球上には知られているだけで3000万種もの生き物がいるといわれている。そのどれもが一つとして同じじゃない。地球が誕生してから約46億年。長い長い歴史の中で、生き物たちは進化をくりかえして今があるわけだ。そのなかには人間の想像をはるかに超えた奇妙な生き物たちもたくさんいる。この本に登場するへんな生き物たちは、へんな姿や行動のおかげで、じつにうまくやっていけてる。いってみれば大成功の勝ち組だ。きっとへんでよかった！ と思っているに違いない。

この本を読んで、キミの"へん"のモノサシは、ちょっと変わったんじゃないかな？

科学ジャーナリスト　柴田佳秀（監修）

おもな参考文献・資料：

『増補版 寄生蟲図鑑 ふしぎな世界の住人たち』大谷智通 著・目黒寄生虫館 監修（講談社）
『日本クラゲ大図鑑』峯水亮・久保田信・平野弥生・ドゥーグル・リンズィー 著（平凡社）
『最新クラゲ図鑑 110種のクラゲの不思議な生態』三宅裕志 ドゥーグル・リンズィー 著（誠文堂新光社）
『週刊朝日百科 動物たちの地球』（朝日新聞社）
『深海魚 暗黒街のモンスターたち』、『深海魚ってどんな魚-驚きの形態から生態、利用』尼岡邦夫 著（ブックマン社）
『深海生物大事典』佐藤孝子 著（成美堂出版）
『深海と深海生物 美しき神秘の世界』JAMSTEC 監修（ナツメ社）
『スズメバチの科学』小野 正人 著（海游舎）
『生物学の哲学入門』森元良太／田中泉吏 著（勁草書房）
『世界サメ図鑑』スティーブ・パーカー 著・仲谷 一宏 監修・櫻井 英里子 翻訳（ネコパブリッシング）
『世界の美しい透明な生き物』武田正倫・西田賢司 監修（エクスナレッジ）
『世界イカ類図鑑』奥谷喬司 著（成山堂）
『世界で一番美しいイカとタコの図鑑』峯水亮 解説・窪寺恒巳 監修（エクスナレッジ）
『世界で一番美しいクラゲの図鑑』リサ＝アン・ガーシュウイン 著（エクスナレッジ）
『動物大百科』、『日本動物大百科』（平凡社）
『毒々生物の奇妙な進化』クリスティー・ウィルコックス 著・垂水雄二 訳（文藝春秋）
『えげつないいきもの図鑑』（ナツメ社）
『サメガイドブック−世界のサメ・エイ図鑑』A.フェッラーリ 著・谷内透 監修（阪急コミュニケーションズ）
『サンゴ礁のエビハンドブック』峯水亮 著（文一総合出版）
『ずかん ヘンテコ姿の生き物』今泉忠明 監修（技術評論社）
『ハムシハンドブック』尾園暁 著（文一総合出版）
『へんな生き物ずかん』早川いくを 著・今泉忠明 監修（ほるぷ出版）
『へんないきもの』、『またまたへんないきもの』早川いくを 著（バジリコ）
『へんな生きもの へんな生きざま』早川いくを 著（エクスナレッジ）

□Encyclopedia of Life
　http://eol.org/
□BISMaL
　http://www.godac.jamstec.go.jp/bismal/j/
□ナショナルジオグラフィック日本版サイト
　http://natgeo.nikkeibp.co.jp/

特別協力：
峯水亮、大谷智通

写真コーディネイト：
小島和明（アマナ／ネイチャー＆サイエンス）

写真・資料協力：
峯水亮 (p.8、22、48)
高野丈 (p.32〜35)
Andrew Forbes, University of Iowa (p.68)
Carole Baldwin / Smithonian National Museum of Natural History (p.11)
Jose Amorin (p.36〜37)
Monterey Bay Aquarium Research Institute (MBARI) (p.18)
Ocean Exploration Trust / NautilusLive (p.20、100)
Peter Vrsansky (p.92)

以下はすべてアマナイメージズ提供

Alan James / Nature Picture Library (p.14)、Alex Mustard / 2020VISION / Nature Picture Library (p.16、24、52)、Alex Hyde / NaturePL (p.122)、Angelo Gandolfi / NaturePL (p.74)、Anup Shah / Minden Pictures (p.74)、Auscape / Nature Production (p.74、86、96)、B.G. Thomson / SCIENCE SOURCE (p.46)、Barry Mansell / NaturePL (p.76)、Bernd Rohrschneider / FLPA / Minden Pictures (p.46)、blickwinkel / Alamy Stock Photo (p.26、80)、Bruce Rasner / Rotman / Nature Picture Library (p.15)、Carole Baldwin / Smithonian National Museum of Natural History (p.11)、Chien Lee / Minden Pictures (p.104)、CHOTARO / a.collectionRF (p.22)、Colin Marshall / FLPA / Minden Pictures (p.54)、Dante Fenolio / Science Source (p.64)、Darren5907 / Alamy Stock Photo (p.38)、David Shale / Nature Picture Library (p.20、28、98)、David Tipling / FLPA / Minden Pictures (p.106)、Doug Allan / NaturePL (p.88、112)、Doug Perrine / Nature Picture Library (p.15、122)、Edwin Giesbers / NaturePL (p.108)、Emanuele Biggi / NaturePL (p.122)、Frans Lanting (p.91)、Fujimaru Atsuo / Nature Production (p.70)、Gakken (p.121)、Hiroshi Takeuchi / MarinepressJapan (p.25)、imageBROKER / Norbert Probst (p.64)、Imamori Mitsuhiko / nature pro. (p.40〜43)、Ingo Arndt / Minden Pictures (p.64)、ITARU / SEBUN PHOTO (p.50)、Jan van Duinen / NiS / Minden Pictures (p.60)、Jose Lucas / Alamy Stock Photo (p.26)、Jurgen Freund / NaturePL (p.120)、KAZUO UNNO / SEBUN PHOTO (p.104、121)、Kim Taylor / NaturePL (p.60)、Koichi Fujiwara / NATURE'S PLANET MUSEUM (p.64、89)、Kusano Shinji / Nature Production (p.85)、Leonard Lee Rue III / Science Source (p.102)、Mark Carwardine / Nature Production (p.9)、Mark Moffett / Minden Pictures (p.46、78)、Matthias Breiter / Minden Pictures (p.112)、Matthijs Kuijpers / BIOSphoto / OASIS (p.84)、Media Drum World (p.121)、Michael Durham / Minden Pictures (p.104、114)、Nature in Stock (p.72)、Nature Picture Library / Nature Production (p.91)、NHPA / Photoshot (p.79)、Nick Garbutt / NaturePL (p.46)、Nobuo Matsumura / Alamy Stock Photo (p.12)、NOBUTAKE HAYAMA / SEBUN PHOTO (p.94)、Okata Yoji / nature pro. (p.56〜57)、Ozono Akira / nature pro. (p.64)、Pascal Kobeh / NaturePL (p.118)、Paul Bertner / Minden Pictures (p.122)、Pete Oxford / NaturePL (p.46、121)、Piotr Naskrecki / Minden Pictures (p.66)、Piotr Naskrecki / Minden Pictures (p.104、109)、PIXTA (p.39)、Rhinie van Meurs / NiS / Minden Pictures (p.112)、Robert Valentic / NaturePL (p.90)、Rod Clarke / John Downer Produ / NaturePL (p.96)、S and D and K Maslowski / FLPA / Minden Pictures (p.102)、Sakurai Atsushi / Nature Production (p.81)、Sandesh Kadur / Nature Picture Library (p.44)、Shinkai Takashi / Nature Production (p.94)、SolvinZankl / Nature Picture Library (p.10、51)、Stephen Dalton / Minden Pictures (p.121)、Stu Porter / Alamy Stock Photo (p.110)、Suzuki Tomoyuki / Nature Production (p.104)、Tui De Roy / Minden Pictures (p.46)、Uchiyama Ryu / Nature Production (p.116)、Wada Goichi / Nature Production (p.82)、Yamamoto Noriaki / Nature Production (p.30、58、59)、Yasumasa Kobayashi / Nature Production (p.13、16、49)、Yoshino Toshiyuki / nature pro. (p.62)

さくいん

あ

- アカハネナガウンカ ・・・・・・・・・・・ 64
- アクラガ・コア ・・・・・・・・・・・・・・ 36
- アマミホシゾラフグ ・・・・・・・・・・ 56
- アミダコ ・・・・・・・・・・・・・・・・・・・ 50
- アリカマキリ ・・・・・・・・・・・・・・・ 104
- アリタケ ・・・・・・・・・・・・・・・・・・・ 66
- イタモジホコリ ・・・・・・・・・・・・・ 35
- イネクビボソハムシ ・・・・・・・・・ 42
- インドハナガエル ・・・・・・・・・・・ 44
- ウオノエ ・・・・・・・・・・・・・・・・・・・ 54
- ウバザメ ・・・・・・・・・・・・・・・・・・・ 14
- ウリクラゲ ・・・・・・・・・・・・・・・・・ 98
- ウルワシモジホコリ ・・・・・・・・・ 35
- ウロコフネタマガイ ・・・・・・・・・ 28
- エイ ・・・・・・・・・・・・・・・・・・・・・・・ 64
- エジプトハゲワシ ・・・・・・・・・・・ 72
- オウギワシ ・・・・・・・・・・・・・・・・ 106
- オオイセキグモ ・・・・・・・・・・・・・ 86
- オオサルパ ・・・・・・・・・・・・・・・・・ 49
- オオタルマワシ ・・・・・・・・・・・・・ 48
- オオトラカミキリ ・・・・・・・・・・ 104
- オオナガトゲグモ ・・・・・・・・・・・ 46
- オナガグモ ・・・・・・・・・・・・・・・・ 122
- オニイソメ ・・・・・・・・・・・・・・・・ 118
- オポッサム ・・・・・・・・・・・・・・・・ 102

か

- カエルアンコウ ・・・・・・・・・・・・・ 85
- カギムシ ・・・・・・・・・・・・・・・・・・・ 96
- カッコウ ・・・・・・・・・・・・・・・・・・・ 62
- カナド ・・・・・・・・・・・・・・・・・・・・・ 13
- カメノコハムシ ・・・・・・・・・・・・・ 43
- カリフォルニアシラタマイカ ・・・・・ 18
- カリフォルニアスズメフクロウ ・・・・ 104
- カレドニアガラス ・・・・・・・・・・・ 73
- キサカズキホコリ ・・・・・・・・・・・ 33
- キタアオジタトカゲ ・・・・・・・・・ 90
- キリギリスの一種 ・・・・・・・・・・ 123
- ギンピギンピ ・・・・・・・・・・・・・・ 120
- クジャクハゴロモ ・・・・・・・・・・・ 40
- クラゲダコ ・・・・・・・・・・・・・・・・・ 22
- クリプト・キーパー ・・・・・・・・・ 68
- クロスジヒトリ ・・・・・・・・・・・・・ 38
- クロヤマアリ ・・・・・・・・・・・・・・・ 70
- コノハチョウの一種 ・・・・・・・・ 122
- クワエダシャク ・・・・・・・・・・・・ 123
- グンカンドリ ・・・・・・・・・・・・・・・ 89
- コウヒロナガクビガメ ・・・・・・・ 46

さ

- サカサクラゲ ・・・・・・・・・・・・・・・ 59
- サカグチトリノフンダマシ ・・・ 104
- サカダチゴミムシダマシ ・・・・・ 78
- サケビクニン ・・・・・・・・・・・・・・・ 12
- ササゴイ ・・・・・・・・・・・・・・・・・・・ 82
- サムライアリ ・・・・・・・・・・・・・・・ 70
- サルパ ・・・・・・・・・・・・・・・ 48〜50
- サンキャクウオ ・・・・・・・・・・・・ 100
- ジェレヌク ・・・・・・・・・・・・・・・・・ 46
- シギウナギ ・・・・・・・・・・・・・・・・・ 8
- ジクホコリ ・・・・・・・・・・・・・・・・・ 35
- ジュエル・キャタピラー ・・・・・ 36
- シュモクバエ ・・・・・・・・・・・・・・・ 46
- ジンメンカメムシ ・・・・・・・・・・・ 64
- ズキンアザラシ ・・・・・・・・・・・・・ 88
- スタビー・スクイード ・・・・・・・ 20
- スパイダーテイルド・クサリヘビ ・・・ 84

スプートニクウニ ・・・・・・・・・・・・・・・・・ 26
ソリハシセイタカシギ ・・・・・・・・・・・・・ 9

た
タイコバエ ・・・・・・・・・・・・・・・・・・・・・・ 114
タイノエ ・・・・・・・・・・・・・・・・・・・・・・・・ 55
タコクラゲ ・・・・・・・・・・・・・・・・・・・・・・ 23
タコブネ ・・・・・・・・・・・・・・・・・・・・・・・・ 51
タテガミオオカミ ・・・・・・・・・・・・・・・・ 46
チリヨツメガエル ・・・・・・・・・・・・・・・・ 64
チンパンジー ・・・・・・・・・・・・・・・・・・・・ 73
ツキヌキモジホコリ ・・・・・・・・・・・・・・ 35
ツヤエリホコリ ・・・・・・・・・・・・・・・・・・ 35
テントウハラボソコマユバチ ・・・・・・・ 60

な
ナゲナワグモ ・・・・・・・・・・・・・・・・・・・・ 86
ナナホシテントウ ・・・・・・・・・・・・・・・・ 60
ナミチスイコウモリ ・・・・・・・・・・・・・・ 76
ニシオンデンザメ ・・・・・・・・・・・・・・・・ 15
ニシキテッポウエビ ・・・・・・・・・・・・・・ 58
ニチリンヒトデ ・・・・・・・・・・・・・・・・・・ 24
ニホンミツバチ ・・・・・・・・・・・・・・・・・・ 94
粘菌 ・・・・・・・・・・・・・・・・・・・・・・・・ 32〜35
ノコギリザメ ・・・・・・・・・・・・・・・・・・・・ 16
ノビタキ ・・・・・・・・・・・・・・・・・・・・・・・・ 62

は
バクダンウニ ・・・・・・・・・・・・・・・・・・・・ 26
ハンマーヘッドシャーク ・・・・・・・・・・ 17
ヒゲワシ ・・・・・・・・・・・・・・・・・・・・・・・・ 74
ヒメアリクイ ・・・・・・・・・・・・・・・・・・・・ 91
ヒョウアザラシ ・・・・・・・・・・・・・・・・・・ 112
ヒレナガネジリンボウ ・・・・・・・・・・・・ 58

フリソデエビ ・・・・・・・・・・・・・・・・・・・・ 25
ヘコアユ ・・・・・・・・・・・・・・・・・・・・・・・・ 123
ヘビクイワシ ・・・・・・・・・・・・・・・・・・・・ 108
変形菌 ・・・・・・・・・・・・・・・・・・・・・・ 32〜35
ボウズイカ ・・・・・・・・・・・・・・・・・・・・・・ 20

ま
ミズカキヤモリ ・・・・・・・・・・・・・・・・・・ 79
ミツマタヤリウオ ・・・・・・・・・・・・・ 10〜11
ミドリヒモムシ ・・・・・・・・・・・・・・・・・・ 30
ミナミコアリクイ ・・・・・・・・・・・・・・・・ 91
メガマウスザメ ・・・・・・・・・・・・・・・・・・ 15
メジナ ・・・・・・・・・・・・・・・・・・・・・・・・・・ 85
メジロダコ ・・・・・・・・・・・・・・・・・・・・・・ 52
メンガタスズメ ・・・・・・・・・・・・・・・・・・ 64
メンダコ ・・・・・・・・・・・・・・・・・・・・・・・・ 21
モンウスギヌカギバ ・・・・・・・・・・・・・・ 123

や
ヤツワクガビル ・・・・・・・・・・・・・・・・・・ 116
ヤリタナゴ ・・・・・・・・・・・・・・・・・・・・・・ 81
ヤリハシハチドリ ・・・・・・・・・・・・・・・・ 46
ヨツコブツノゼミ ・・・・・・・・・・・・・・・・ 41

ら
ライノセラスアダー ・・・・・・・・・・・・・・ 109
ランプシリス ・・・・・・・・・・・・・・・・・・・・ 80
リュウキュウアサギマダラ ・・・・・・・・ 39
リンカルス ・・・・・・・・・・・・・・・・・・・・・・ 110
ルキホルメティカ・ルケ ・・・・・・・・・・ 92
ルリホコリ ・・・・・・・・・・・・・・・・・・・・・・ 35

監修者　柴田佳秀（しばたよしひで）

科学ジャーナリスト。1965年東京生まれ。東京農業大学農学科卒。ディレクターとして、「生きもの地球紀行」などNHKの自然番組を多数制作。北極に3ヶ月半滞在した経験も。2005年からフリーランス。主な著書に『世界の美しい色の鳥』『世界の原色の鳥図鑑』（以上、エクスナレッジ）、『講談社の動く図鑑MOVE鳥』、『講談社の動く図鑑MOVE危険生物』（以上、講談社）、『わたしのカラス研究』（さえら書房）、『カラスのジョーシキってなんだ？』（子どもの未来社）など多数。所属：日本鳥学会会員、都市鳥研究会幹事、日本科学技術ジャーナリスト会議会員。

著者　早川いくを（はやかわいくを）

著作家。1965年東京都生まれ。多摩美術大学卒業。著書にベストセラーとなった『へんないきもの』『またまたへんないきもの』（バジリコ）のほか、『取るに足らない事件』（バジリコ）、『カッコいいほとけ』（幻冬舎）、『うんこがへんないきもの』（KADOKAWA／アスキー・メディアワークス）、『へんな生きもの　へんな生きざま』（エクスナレッジ）、訳書『進化くん』（飛鳥新社）、『愛のへんないきもの』（ナツメ社）など多数。近年は水族館の企画展示にも参画。

イラストレーター　ひらのあすみ

イルカと泳ぐことが大好きなイラストレーター。高校時代から島へ一人旅をするなど、大自然との触れ合いからインスピレーションを受けて作品制作をする。『グリーンパワーブック 再生可能エネルギー入門』（ダイヤモンド社）、『クラゲすいぞくかん』、『外来生物ずかん』、『へんな生き物ずかん』（以上、ほるぷ出版）、『えげつないいきもの図鑑』（ナツメ社）、日本絵本賞を受賞した『ゆらゆらチンアナゴ』（ほるぷ出版）などのイラストを手がける。

 もっと！へんな生き物ずかん

2018年12月20日　第1刷発行
2020年 4 月 1 日　第2刷発行

監　修　柴田佳秀
著　者　早川いくを
イラスト　ひらのあすみ
編　集　髙野丈（株式会社アマナ／ネイチャー&サイエンス）
発行者　中村宏平
発　行　株式会社ほるぷ出版
　　　　〒101-0051　東京都千代田区神田神保町3-2-6
　　　　電話 03-6261-6691　FAX 03-6261-6692
印　刷　共同印刷株式会社
製　本　株式会社ブックアート

ISBN978-4-593-10046-0／NDC460／128P／277×210mm
©Ikuo Hayakawa 2018
Printed in Japan

ブックデザイン　西田美千子

乱丁・落丁がありましたら、小社営業部宛にお送りください。
送料小社担にてお取り替えいたします。